蓝鹦鹉格鲁比
科普故事

身边的化学

〔瑞士〕丹尼尔·穆勒 绘 〔瑞士〕于尔格·伦登曼 著

赵檬锡 译

中国水利水电出版社
www.waterpub.com.cn

·北京·

内 容 提 要

本书是《蓝鹦鹉格鲁比科普故事》中的一本，主要讲述了化学在我们日常生活中的应用以及化学对我们的影响。格鲁比跟随化学家尤斯图斯一起，探索了许多与我们的日常生活息息相关的基础化学现象，并通过一系列有趣的化学实验，让小读者更深入地理解和走进化学，激发小读者的学习热情。全书图文并茂，集趣味性与科学性于一体。小读者通过这本书也可以学习格鲁比勇于尝试，积极探索、发现、研究身边有趣的科学现象的精神。

图书在版编目（CIP）数据

身边的化学 / （瑞士）于尔格·伦登曼著 ；（瑞士）丹尼尔·穆勒绘 ；赵檬锡译. -- 北京 ：中国水利水电出版社，2022.3
（蓝鹦鹉格鲁比科普故事）
ISBN 978-7-5226-0465-7

Ⅰ．①身… Ⅱ．①于… ②丹… ③赵… Ⅲ．①化学—少儿读物 Ⅳ．①O6-49

中国版本图书馆CIP数据核字(2022)第024598号

Chemie mit Globi – Globi forscht und entdeckt
Illustrator: Daniel Müller /Author: Jürg Lendenmann

Globi Verlag, Imprint Orell Füssli Verlag,
www.globi.ch
© 2011, Orell Füssli AG, Zürich
All rights reserved.

北京市版权局著作权合同登记号：图字 01-2021-7209

书 名	蓝鹦鹉格鲁比科普故事——身边的化学 LAN YINGWU GELUBI KEPU GUSHI —SHENBIAN DE HUAXUE	
作 者	〔瑞士〕于尔格·伦登曼 著 赵檬锡 译	
绘 者	〔瑞士〕丹尼尔·穆勒 绘	
出版发行	中国水利水电出版社 （北京市海淀区玉渊潭南路1号D座 100038） 网址：www.waterpub.com.cn E-mail：sales@waterpub.com.cn 电话：（010）68367658（营销中心）	
经 售	北京科水图书销售中心（零售） 电话：（010）88383994、63202643、68545874 全国各地新华书店和相关出版物销售网点	
排 版	北京水利万物传媒有限公司	
印 刷	天津图文方嘉印刷有限公司	
规 格	180mm×260mm 16开本 6.25印张 97千字	
版 次	2022年3月第1版 2022年3月第1次印刷	
定 价	58.00元	

前言

亲爱的小读者，亲爱的大读者：

化学是什么？在生活中起什么作用？在家里、在户外、在学校，在日常生活中，哪些事物、哪些过程与化学息息相关？在这本书中，格鲁比带着这些问题上下求索，收获了诸多答案。

早在化学成为严格意义上的科学之前，人们已经开始利用化学反应烘烤面包、鞣制皮革、给衣服染色、酿酒、酿醋等。过去的两百年间出现了大量化学方面的新发明、新发现，如今，化学在生活各个方面都举足轻重。

格鲁比在书中记录了他的惊险之旅。在探索化学的路上，有时他独自一人，但大多数时候都和化学教授尤斯图斯·劳赫同行。格鲁比了解了化学从古代的埃及人和中国人、中世纪的炼金术士直到今天的发展历程，认识了世间万物的组成成分——原子和分子。

优秀的化学家必定是实验科学家！格鲁比也演示了他最喜欢的实验，你们可以自己动手试试，非常简单。实验中有时会喷溅液体，有时会冒气泡，有时会冒烟，有时会变色……打住，不能再剧透了。做实验不仅乐趣无穷，而且有助于理解化学过程。

我敢打赌，很快你们就会发现，一眼望去生活里到处都是"化学"！塑料、油漆、胶水、铁锈……都是化学，自然界也到处都是化学反应。

相信你们会和格鲁比一样，觉得化学轻松愉悦、振奋人心。

丹尼斯·蒙纳德教授（Prof. Dr. Denis Monard）

瑞士自然科学院（SCNAT）主席

目 录

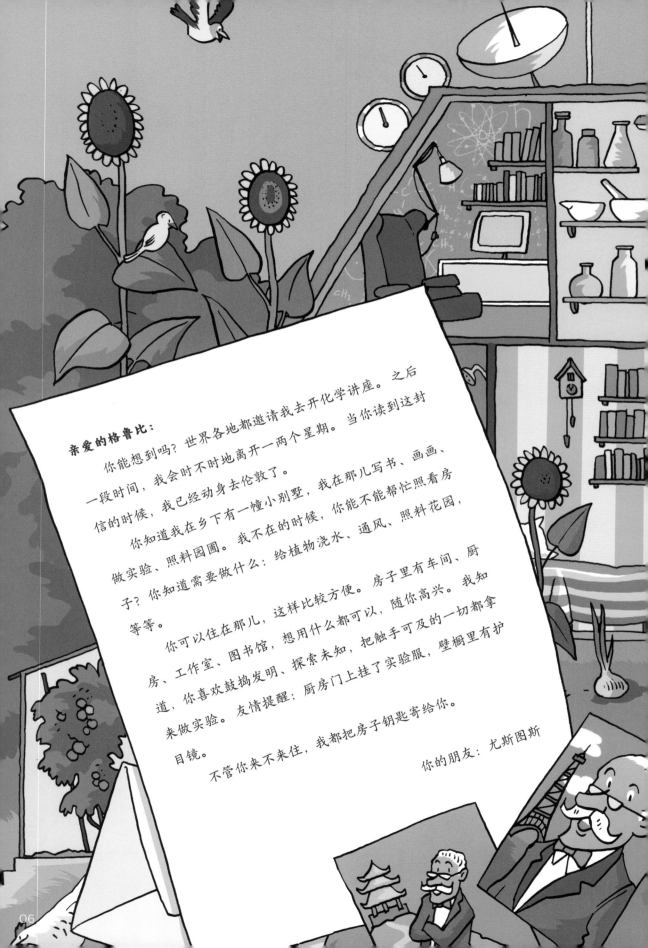

亲爱的格鲁比：

你能想到吗？世界各地都邀请我去开化学讲座。之后一段时间，我会时不时地离开一两个星期。当你读到这封信的时候，我已经动身去伦敦了。

你知道我在乡下有一幢小别墅，我在那儿写书、画画、做实验、照料园圃。我不在的时候，你能不能帮忙照看房子？你知道需要做什么：给植物浇水、通风、照料花园，等等。

你可以住在那儿，这样比较方便。房子里有车间、厨房、工作室、图书馆，想用什么都可以，随你高兴。我知道，你喜欢鼓捣发明、探索未知，把触手可及的一切都拿来做实验。友情提醒：厨房门上挂了实验服，壁橱里有护目镜。

不管你来不来住，我都把房子钥匙寄给你。

你的朋友：尤斯图斯

踏上化学冒险之旅

格鲁比到尤斯图斯家时惊呆了：没想到这里这么棒！搬进来之后可以探索整栋房子，自得其乐，真是太开心了。

菘蓝

甜菜

洋甘菊

紫甘蓝

胡萝卜

惊喜布丁烤煳了

尤斯图斯即将从伦敦回来。格鲁比想给他一个惊喜，准备烤焦糖布丁。他在锅里撒了糖，打开煤气灶。糖慢慢变成棕色，闻起来很香。

就在这时，电话响了！是尤斯图斯。尤斯图斯先说他会晚到一个小时，然后开始讲述他的旅程。格鲁比听得津津有味，忘了灶上的布丁！

等他终于回到厨房，焦糖已经完全变黑了，浓烟滚滚，臭不可闻！格鲁比端着锅跑了出来，看着一团焦煳，自言自语"白糖怎么会变得这么黑"。他想弄清原委，就打电话给尤斯图斯，把焦糖变黑的事情原原本本地告诉了他。尤斯图斯笑了："格鲁比，这就是化学！高温下焦糖发生转化，现在锅里只剩下炭了。想知道具体发生了什么的话，去读小红书，就在书架上。"他补充道，"欢迎来到研究者的王国！一会儿见！"

糖

糖

糖炭

小红书里写道：

化学是什么？

　　化学是研究物质及其变化规律的学科。化学家研究糖、盐、金属、气体、蛋白质、脂肪等物质，这些物质是人体和世界的组成成分。

原来如此，格鲁比心想：我的糖变成了焦糖，焦糖又变成了炭。

他继续往下读：

化学反应

　　物质的变化过程叫作化学反应。地球上到处都有化学反应，土壤、水、空气以及所有生物体内都在发生化学反应。有些反应是自发反应，还有一些反应必须由化学家操作实现，例如，加热混合物或添加反应物。

格鲁比兴奋极了。"我体内就有化学？窗前的植物里有化学？做饭时也有化学？我一定要弄明白化学是什么！这座房子里也会发生化学反应？我能不能自己做实验？"

化学无处不在

无论格鲁比看哪里，都会发现化学物质。见下述各章（数字为页码）。

58—59

55

13, 82—85

83—84

洗洁精

21—25

27—29, 44—47, 63—64

花肥

66—67, 87

阿司匹林

碘酒

51, 86

食盐

37—38

80—81

38—40, 61, 85

70

多功能清洁剂

胶水

染料

碱

61—65

63—65

10

化学的历史

格鲁比好奇心大发，决心要一探化学世界的究竟。他暗自思忖："化学究竟是什么时候开始出现的？"他透过走廊的门向外张望，那里还放着锅，锅里还残留着炭化的焦糖。"如果像尤斯图斯所说的那样，这就是化学，那么火可能就是化学的源头！"

一切从火开始——直立人脑中闪过一个好主意

格鲁比想得没错，第一个化学反应确实是在火里进行的。这是怎么回事呢？

在 70 万年前的旧石器时代，一道闪电劈中了一棵树，树随即起火。几小时后，地上只剩烧得通红的木炭。

直立人好奇地凑上前俯

身查看，剩余的猎物——野猪腿——从他的口袋里掉了出来。肉掉进了炭里，火花四溅。直立人吓了一跳，连连后退。但他按捺不住好奇，又凑近看，发现火里的肉变黑了。这还能吃吗？他尝了一口。哇，味道好极了！他思前想后：火真是个好东西！可惜只有闪电的时候才有火。不过，说不定我能把火带回洞穴？

真的是直立人发现了火的奥秘吗？

上述故事纯属虚构，没人知道人类什么时候开始用火。火对文明的诞生至关重要，各种各样关于火的传说辗转相传。希腊传说里的"盗火者"普罗米修斯更是闻名遐迩。

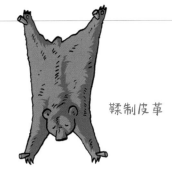

鞣制皮革

制作肥皂

烘烤面包

工匠、医生、猎人、牧师

5000 年前，人类就已经学会了很多化学工艺。有些工匠火候把握得好，能用煤炉从矿石里提炼金属。还有人精于给织物染色、鞣制皮革、烘烤面包、制造肥皂或者酿造啤酒。

尼安德特人可能已经会用植物治病。亚述和古埃及人已经发明了数百种由动、植、矿物制成的药物。古埃及人极富创造精神，用化学方法保存尸体（这种尸体也叫木乃伊）。这些尸体保存至今，面容依然清晰可辨。

人类木乃伊与动物木乃伊

工匠、医生、猎人和牧师的老师教会了他们工作方法。对当时的人而言，方法有效最重要，至于原理，他们无法解释。他们不能解释烤炉里的面包为什么会发酵——就算他们能解释，也与今天化学家的解释大相径庭。

中国人、古希腊人、古罗马人、古印度人……都发展出了独特的"化学方法"，都有他们各自独特的发明。

制药、制香水

古希腊人：
四种基本物质和不可分割性

根据古希腊人恩培多克勒与亚里士多德的说法，世界上所有的物质都由四种基本物质混合而成：火、水、气、土。

古希腊人留基伯和德谟克利特的结论则有所不同：所有物质的最小组成成分是不可分割的原子（希腊语为 atomos，意为不可分割）。

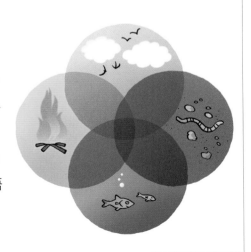

　　尤斯图斯结束了第一次外出讲演，他刚刚到家，格鲁比就连珠炮似地发问："糖怎么会变黑？是变成炭了吗？莫非……"

　　"别着急，慢慢说，"尤斯图斯笑了，"化学可以解开一部分谜团，但焦糖化学反应过程很复杂，还有很多需要探索的空间。我们先喝杯茶吧，喝完我再告诉你，过去的人认为世界的组成成分是什么。"尤斯图斯从公文包里掏出一个小包裹："这本空白小册子给你，你可以记录实验过程和观察结果。所有化学家——应该说所有科学家都这么做。"格鲁比拆开包装，小册子的封面上写着"格鲁比的实验日志"。格鲁比欣喜若狂，现在他可以记录实验中观察到的点点滴滴了！

　　"还有这个！"尤斯图斯突然严肃起来，走到大壁橱前，取出护目镜和长袖白大褂，"给，这也是你的！**做实验前一定要穿白大褂、戴护目镜。**不管你有多小心，实验时都可能有东西溅出来，一不小心就会溅到眼睛里。"格鲁比很兴奋："现在我是一个真真正正的化学家啦！"

现代化学家的前身是炼金术士，他们研究如何把铅之类的金属转化为黄金。他们认为，或许古希腊人说得对，世界上所有的物质都由火、水、气、土四种基本物质组成，这样一来，只要巧妙地分解、重组物质，或许就可以得到黄金！因此，他们研究了一些物质的特性，观察化学反应中发生的情况。

中国、古埃及、古希腊以及后来的罗马帝国都有炼金术士。16—17 世纪是炼金术在西欧的鼎盛期。

当时实验中使用的一些物质有毒。很多炼金术士都使用水银（室温下水银是液体），他们认为，水银和黄色的硫黄混合，就可以产生黄金。由于水银有剧毒，许多炼金术士身染沉疴。虽然炼金术士没有炼出金子，但是他们另有所获，知道了制造瓷器和药品的方法。他们还开发出分离和提纯技术，部分方法沿用至今。

现代化学

从 18 世纪起，化学成了一门精确的科学。大约 1850 年，工业革命开始，化学也得到了蓬勃的发展。工厂取代了小型手工作坊，新型化学工艺、新型动力源（如蒸汽机）问世，物质生产过程变得更加简单、快速，生产的成本变得更加低廉。你会在本书中学到大量化学史上的里程碑产品：肥料、塑料、药物、黏合剂、葡萄酒、醋、香料、燃料。

"怎么样？"尤斯图斯问，"你觉得化学的历史有意思吗？"格鲁比兴奋极了，他没想到化学史竟如此激动人心。现在他的好奇心全被勾起来了："后来怎么样了？"

教授继续说："你也知道，几百年前还没有显微镜之类的设备可以观察物质的基本结构，但当时的研究者想弄清楚物质的组成成分。他们发现，物质由元素组成。炼金术士已经知道金、银、铜、铁、铅、锡、汞、硫、磷。其他已知的重要元素还有碳、氧、氢、氮、氯，之后，你会了解到这些元素的性质。"

不可分割的原子

如古希腊人留基伯和德谟克利特所预见的那样，原子是最小的粒子，不能通过化学方法进一步分解。

原子由原子核和电子组成。每个原子都含有一个原子核，原子核由质子及中子构成，极少数情况下不含中子。电子绕原子核运动。

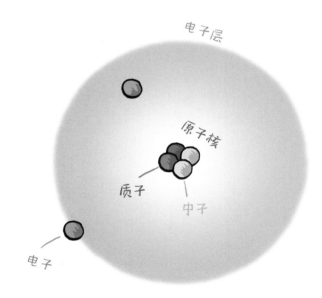

原子中质子数和电子数通常相等，但有时电子数会少于或多于质子数，这时原子带正电或负电，称作离子。

地球上的一切物质都由微小的原子构成。原子种类繁多，同一种类的原子被称为元素。目前已知的元素有 118 种。氢元素的原子最小，只含 1 个质子和 1 个电子。比氢原子稍大的是氦原子，含有 2 个质子、2 个电子，还有 2 个中子。目前已知最大的原子是氪元素，也称 118 号元素，含有 118 个质子、118 个电子以及 176 个中子。

元素周期表：巧妙安排世界上所有的元素

格鲁比问："最小的原子是气态的，最大的原子是重金属，对吗？""问得好，但没那么简单。"尤斯图斯回答道，"这张表叫化学元素周期表，你看，所有元素都按原子质量递增排列，同时，性质相似的元素彼此相邻。最右边的一列是惰性气体，与它相邻的一列是卤素（包括氯和碘），它们都是非金属。元素周期表里大约 80% 的元素都是金属。"

金属
- 碱金属
- 碱土金属
- 镧系
- 锕系
- 过渡金属
- 后过渡金属
- 准金属

非金属
- 非金属
- 卤素
- 稀有气体

1 H 氢								
3 Li 锂	4 Be 铍							
11 Na 钠	12 Mg 镁							
19 K 钾	20 Ca 钙	21 Sc 钪	22 Ti 钛	23 V 钒	24 Cr 铬	25 Mn 锰	26 Fe 铁	27 Co 钴
37 Rb 铷	38 Sr 锶	39 Y 钇	40 Zr 锆	41 Nb 铌	42 Mo 钼	43 Tc 锝	44 Ru 钌	45 Rh 铑
55 Cs 铯	56 Ba 钡	57–71 镧系	72 Hf 铪	73 Ta 钽	74 W 钨	75 Re 铼	76 Os 锇	77 Ir 铱
87 Fr 钫	88 Ra 镭	89–103 锕系	104 Rf 𬬻	105 Db 𬭊	106 Sg 𬭳	107 Bh 𬭛	108 Hs 𬭶	109 Mt 鿏

镧系元素	57 La 镧	58 Ce 铈	59 Pr 镨	60 Nd 钕	61 Pm 钷	62 Sm 钐	63 Eu 铕
锕系元素	89 Ac 锕	90 Th 钍	91 Pa 镤	92 U 铀	93 Np 镎	94 Pu 钚	95 Am 镅

元素周期表不含元素全称，仅用字母指代，大多数情况下都是元素的拉丁语或古希腊语名称的简称。H 指氢（Hydrogenium），Li 指锂（Lithium），O 指氧（Oxygenium），C 指碳（Carboneum），Fe 指铁（Ferrum），Ag 指银（Argentum），Au 指金（Aurum），U 指铀（Uran）。如果一个元素符号由多个字母组成，发音时要把每个字母都读出来。

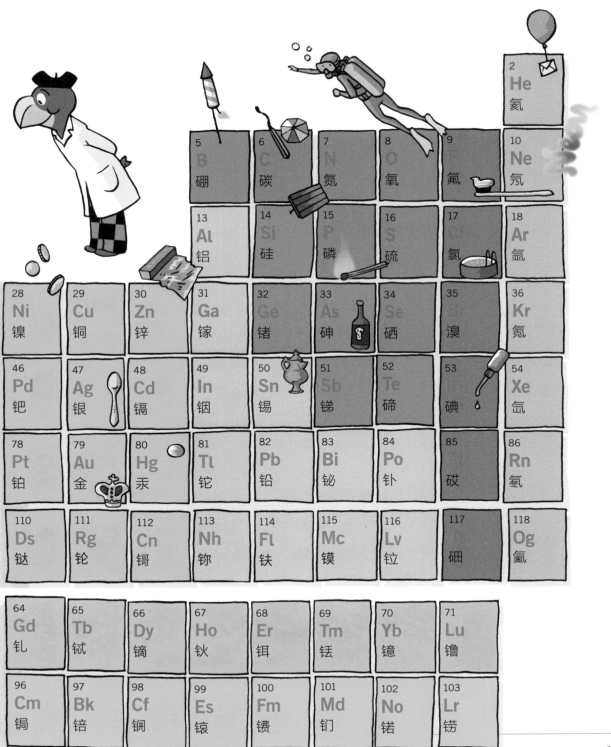

原子互相结合

　　为了答谢格鲁比精心照看房子，尤斯图斯去比利时演讲时带上了格鲁比。这天下午可以自由安排，两人参观了布鲁塞尔原子球塔。"哇，"格鲁比感叹道，"我喜欢这种艺术形式！"

　　"我也是！"尤斯图斯笑了，"你知道这是什么吗？"他注意到格鲁比疑惑的眼神，解释道，"这是铁原子的模型，原子排列呈晶体结构。原子很少独来独往，一般都会与其他原子结合。通常几个原子会组成分子，分子形状可能是链状、扁平或球形。这里诸多铁原子构成了晶体，晶体是三维立体的。分子可能由相同元素的原子构成，也可能由不同元素的原子以特定方式构成。"尤斯图斯狡黠地看了格鲁比一眼："你肯定渴了，我请你喝一杯'爱趣二欧'吧？"

H₂O 就是水

水分子的结构很简单，由 2 个氢原子和 1 个氧原子组成。水在化学家的符号语言里是 H_2O，读作"爱趣二欧"。

2 个氢分子（H_2）和 1 个氧分子（O_2）发生反应时，氢分子和氧分子原有的内部连接遭到破坏。

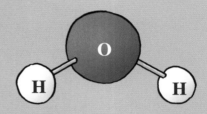

原子间重新结合后生成了 2 个水分子。化学过程书写如下：

$$2 H_2 + O_2 \longrightarrow 2H_2O$$

氢气 + 氧气 —— 水

反应方程式两侧同一种类的原子数目必须相等。这一反应中左右两边氢原子都是 4 个，氧原子都是 2 个。

肉眼能看到原子或水分子吗？

水分子太小了，肉眼看不见。单单一滴水就含有不下 20 万亿亿个水分子。原子也很小，看不见。扫描显微镜分辨率很高，可以放大物体表面，连单个原子都清晰可见。

冰不仅会融化

一天下午，格鲁比烧上水准备泡茶，转身去浇了一会儿花，回来的时候厨房里蒸汽弥漫，窗户等温度较低的物体表面上凝结了水滴。格鲁比关掉燃气灶，打开窗户，让蒸汽散去。烧水壶里还剩了一点儿水，可以泡一杯茶。茶太烫了，所以格鲁比往杯里投了一块冰，冰噼里啪啦地融化了。

"真不可思议，"格鲁比想，"冰块、液体、蒸汽，都是水，这种物质无所不能，可以从一种形式转化为另一种形式。"

尤斯图斯从美国打来电话，格鲁比向他报告了他的观察结果。"你说得没错，水确实很特别。我们很容易就能观察到水的变化过程，从固体变为液体，从液体变为气体，或者反过来，从气体变为液体，从液体变为固体。液态、固态、气态这三种状态称为物态。"尤斯图斯继续说，"想想看，要是没有水，世界会变成什么样子？想象一下，如果世界上没有冰川、瀑布、露珠、雾气、雨水……"他清了清嗓子，"最重要的饮用水。"

物质三态

不仅是水，其他很多物质也会因环境条件
（温度、压力）的变化而发生状态变化。

——固态（铁、金）

——液态（汞）

——气态（氦）

气态、液态、固态这三种状态称为物态。加热或冷却物质会改变物态。

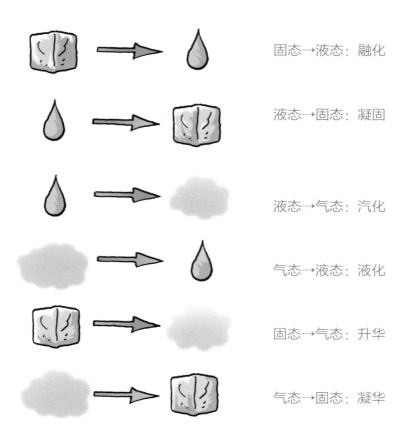

固态→液态：融化

液态→固态：凝固

液态→气态：汽化

气态→液态：液化

固态→气态：升华

气态→固态：凝华

不论物质变化多少次，融化也好，凝固也好，它的本质不变：无论是冰、是水、是蒸汽，水始终是水。这些变化过程是物理过程，不是化学过程，不会改变物质的组成。

补充：如果想让固体融化，或者让液体蒸发，就必须加热，必须增加它的能量。你可以自己尝试一下，手里拿一块冰块，手就会变冷，因为冰块融化时吸收了你身体的一小部分体温（即能量）。淋完浴或泡完澡出来之后全身都是湿淋淋的，如果不擦干，很快就会冻僵。为什么？因为要蒸发皮肤上的水分同样需要吸收身体的热量。

水分子翩翩起舞

粒子温度越低，意味着能量越少，因此粒子的活动就越微弱。粒子需要的活动空间变小之后，彼此之间会互相靠近。到达冰点（低于 0 摄氏度）时，水分子紧紧相偎，从水变成了冰。用化学家的话来说：物质变成了固体。

增加能量即加热冰后，水分子开始活跃，需要更多的活动空间，最后挣脱牢固的冰晶格：冰就融化了。达到 0 摄氏度的熔点，冰就开始融化，最后全部变成了水。用化学家的话来说：物质变成了液体。

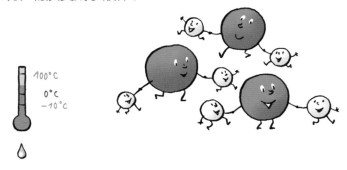

如果继续加热，水分子运动会加剧，需要更多的空间，越来越多的分子会从液体逸入空气中。

到了 100 摄氏度的沸点，水就会沸腾。分子持续逸入空气，最后，锅里所有的液体都蒸发殆尽。水变成了气态的水蒸气。

人眼看不见水蒸气，只能看见上升的水蒸气在冰凉的物体表面上凝结形成的小水滴。

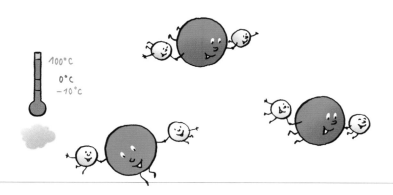

升华：雪变成水蒸气

日常生活中每时每刻都在发生升华。你可能已经观察到两种固体转变为气体的过程：

——冬天 0 摄氏度以下的时候在户外晾衣服。水会先结成冰，继而再升华。

——冬天如果温度长期低于 0 摄氏度又不下雪，仔细观察雪堆，会发现它一天比一天小。为什么？因为有一小部分雪直接变成水蒸气：雪升华了。

沙拉酱不是饮料

今天，格鲁比和尤斯图斯一起下厨。尤斯图斯洗完生菜，放进两个盘子里。他微微一笑："轮到你的独家酱汁了，格鲁比。"一小时前，格鲁比调制了沙拉酱，灌入密封杯，放进了冰箱。现在他从冰箱里拿出酱汁，发现油、醋又分离了，就问尤斯图斯："是我混合酱汁的手法不对吗？"

尤斯图斯接过杯子，像酒保调酒一样晃了晃，向格鲁比展示："不管你晃多久，这两种液体都不会混合。按化学家的说法，这是异质混合物，你还是可以看到各个单独的组成部分。"

格鲁比发问："那么发生了什么化学反应呢？"

"小脑瓜真聪明，"尤斯图斯嘀咕，"不过实际上什么也没发生。但你现在知道了，化学家通常的工作内容就是与混合物打交道。他们总想把混合物中的物质一一分离。下次我再给你解释。"

实验 | 制造混合物

实验用品： 水、食盐、糖浆、色拉油、碳粉（例如碎炭片）、细沙。

实验步骤： 混合下列物质，记录是否还能看到单一物质成分。

	完美混合物	部分可见
水+食盐		
水+糖浆		
水+色拉油		
水+碳粉		
细沙+碳粉		

实验结果： "完美"即所谓的同质混合物，肉眼不再能看到单一的物质成分。

问题： 格鲁比还可以混合哪些物质，得到的混合物中看不到原来的物质？

记录你的发现：

_____

_____

_____

两种混合物

纯水、糖、食盐、碳粉都由单一类型粒子组成，这样的物质称作纯净物，它们不能用物理方法被进一步分解。

但大多数物质是混合物。有些混合物无法用肉眼或显微镜分辨出所含的纯净物，这种混合物叫同质混合物，例如格鲁比的盐水之类的溶液、（铅锡）合金、空气（由氮气、氧气、氩气和其他气体组成）。

还有的混合物不同质，可以看到各种不同的组成成分，称为异质混合物。例如烟（空气中的烟尘颗粒）、雾（空气中的液体或小水滴）、岩石。

结晶就是这么简单

这天晚上，尤斯图斯要回来吃饭，格鲁比就烧了一大锅水来煮意大利面，他往锅里撒了些盐，盐很快溶解了。他知道水烧开还得等一会儿，就躺在花园吊床上打瞌睡。

"格鲁比，我来啦！"尤斯图斯到了，惊醒了格鲁比。这时已经日暮了。"我的水！"他飞奔到灶前。水早已蒸发殆尽，锅底残留了一些小小的晶体，闪烁着微光。尤斯图斯也到了厨房，看到了锅里的一片狼藉，感叹道："你看看，化学分离成功了！记不记得我上次来的时候，你调制了异质混合物沙拉酱？现在你分离出同质混合物的成分了：你去除了盐水中的水分，再次得到了盐晶。来来来，我给你演示两个实验，可以得到其他类型的晶体。"

实验 糖的结晶

实验用品： 1 个玻璃杯、热水、糖（每 100 毫升水至少需要 200 克糖）、线、回形针、铅笔。

实验步骤： 杯里注入一半热水，边加糖边搅拌，一直加到糖不再溶解为止。把回形针（用作结晶核）绑到线上。把铅笔横架在玻璃杯上，缠上线，使回形针浸没在水中。将杯子放在安全的地方，每天观察情况，写下观察结果并绘图。

实验结果： 回形针上逐渐结出晶体。

实验 棉线运盐

实验用品： 食盐、1 个玻璃杯、水、吸水性良好的线、1 只碗。

实验步骤： 杯中注入一半水，加盐直至不再溶解，底部能看到沉积物（加入的盐超过 36g/dL[①]）。食盐和糖不同，热水中的溶解度与冷水中的溶解度差异不大。拿起线，一端放进玻璃杯里，另一端放在杯边的碗里。观察若干天。

实验结果： 盐水沿线流向碗中，就像融化的蜡顺着烛芯升至烛芯顶端。水蒸发后，线的表面结出盐晶。

色谱法：另一种分离方法

化学家重视物质分离的方法。除了蒸发、结晶之外，他们还采用色谱法等大量其他手段。色谱法多种多样，其中之一是纸色谱法。

实验 制作书签

实验用品： 滤纸／吸墨纸、1 个玻璃杯、水溶性画笔、水、1 根长木棍、1 枚回形针。

实验步骤： 裁出 2 厘米 × 15 厘米大的纸片，距短边 1.5 厘米处用画笔画几个点。玻璃杯中注入 1 厘米高的水。用回形针把纸片别在木棍上，木棍平放在杯口。观察情况。一段时间后从水中取出纸片晾干，书签就完成了。还可以尝试用其他颜色的画笔画点，或者把不同颜色混合起来。

实验结果： 水上升时，混合的颜色会分离成单独的颜色。一个点会产生不同颜色，并向上攀升成竖条。

说明： 记号笔写出来的可能"只是"蓝色或红色，但每种颜色都是由多种颜色混合而成的。有些颜色在纸纤维上附着力较强，有些较弱。附着力较弱的颜色爬升更快。实验室进行分离时一般不用水，而用其他溶液。而原料也不限于纸，也可以用涂层玻璃板等其他材料。

---

① 1 分升（dL）=0.1 升（L）=100 毫升（mL）。

金属——一个熠熠生辉的世界

尤斯图斯又出门参加讲座了，于是格鲁比在家做起了实验。做着做着他口渴了，打开冰箱找到一罐饮料，一口气喝了个精光。他想把空罐扔进尤斯图斯的金属垃圾回收箱，却发现箱子里已经满满当当，于是，他把回收箱放进自行车车筐，一路骑到村广场。那里有两个垃圾箱，一个用来回收铁制废品，一个用来回收铝制品。为了区分铝罐和铁罐，防止垃圾分类出错，垃圾箱上贴了磁铁。格鲁比一一尝试，区分出回收箱中有磁性的金属制品。有回收标志的铝罐没有磁性，轻巧的平底锅也没有磁性——这肯定是铝制平底锅。而食品罐则有磁性。其他有磁性的制品不是铁制的就是钢制的。那么其他金属有没有磁性呢？格鲁比决定下次问问尤斯图斯……

格鲁比回来后向尤斯图斯描述他在垃圾回收站的见闻，尤斯图斯点点头："除了铁，钴（Co）、镍（Ni），还有一些特殊的金属合金也有磁性。"他继续说，"回收厂用强力磁铁，可以从垃圾山里吸出磁性物体，进行分类。因此，现在很多回收站已经不需要手工分拣旧金属了。"

金属：从软到硬

大约 80% 的元素都是金属。金属可以从不同角度进行分类（可分为碱土金属、碱金属，或轻金属、重金属，等等。参见第 18—19 页的元素周期表）。在此，我们只讨论大家熟悉的常用金属。

金属通常沉甸甸、硬邦邦、亮晶晶的，但易塑形。自然界只有金、银等少数金属以纯净物的形式存在，大多数金属通常以金属盐的形式存在，必须通过化学反应提取。

金属与酸反应形成盐类，与氧反应形成氧化物。铁被腐蚀（生锈）后生成了多种铁的氧化物。铁锈结构疏松，不能防止内部的铁被进一步锈蚀。其他金属则不然。以铝为例，铝的氧化物在金属表面形成薄膜，可以防止铝被进一步锈蚀。

铜（Cu，红褐色金属）： 人类在几千年前就已经发现了铜。铜是最早用于制造工具的金属之一。1991 年，在奥地利的奥茨塔尔阿尔卑斯山脉冰川里，发现了冰川时代的猎人"奥茨"。这个人生活在大约 5300 年前，身边就已经有了一把铜制的斧头。

你或许知道，因为铜的导电性良好，很多线缆是铜制的。此外，很多日常用品也都是铜制品，如硬币、屋顶、排水沟、平底锅以及汤锅。

锡（Sn，浅灰色、有光泽）： 和铜一样，人类很早就发现了锡，并用锡制造物品。现在的锡制品包括管风琴、餐具、软管、锡制玩偶、锡箔等。

年末趣俗

在瑞士，元旦前夜有一个有趣的习俗——"灌锡"[2]：把锡放在老旧的钢勺里，用烛火灼烤，直至锡变成液体。将熔化的锡放入水中，很快就会重新凝固。锡的形状预示着新年的运势。不用锡（熔点 232 摄氏度）也可以用锡合金，玩具店就能买到。用过的钢勺属于废旧金属垃圾。

铁（Fe，浅灰色，金属光泽）： 有些从太空坠落到地面的陨石含铁。这些铁很久之前就为苏美尔人、古埃及人、中国人所用。现在的铁制品也很多，钢的主要成分就是铁。

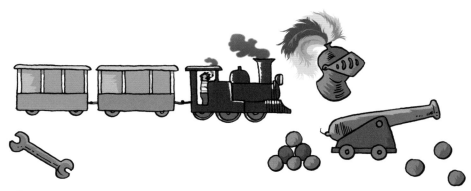

汞（Hg，银色，有光泽）： 凝固点是零下 38 摄氏度，是唯一在室温下呈液态的金属。过去，温度计的玻璃管里会填充水银。虽然水银能精确地显示读数，但水银温度计现在已经买不到了，因为一旦它的玻璃管破裂，人可能会吸入有毒的汞蒸气。不过，体温计、气压计、节能灯等装置中依然含汞，但含汞量远低于安全标准。

---

[2] 包括德语国家（德国、奥地利、瑞士）在内的部分欧洲地区传统上会在 12 月底通过"灌铅"占卜来年运势。这一习俗可以追溯至古罗马时代。由于铅危害较大，从 2018 年起，欧盟法律禁止销售"灌铅"套装，可以用锡和蜡取而代之。

铝（Al，银色）：铝的特点是轻、软、韧。铝和空气中的氧会起反应，但只会在金属表面形成薄薄的一层氧化膜。与铁的氧化物不同，铝的氧化物不会深入金属内部，反而能防止铝被进一步锈蚀。铝被用于制造饮料罐、飞机部件、汽车部件、自行车部件、食品铝箔纸、熨斗的加热元件和咖啡机零件等。

钛（Ti，银色金属）：钛是银色的，有金属光泽，很轻，和铝一样，表面会形成保护性的氧化膜，极耐腐蚀。由于钛制品十分昂贵，钛的价格是钢的 10 倍以上。钛被用于制造特定的车辆部件、火箭部件、宇宙飞船部件、潜水艇部件、手表部件以及人工关节等。

铅（Pb，蓝白色）：铅易于加工。罗马人早已意识到了这一点，用铅制造水管或补牙（拉丁语中"铅"是 Plumbum，缩写为 Pb）。但罗马人没有意识到铅有毒这一点。如今，铅仍然被用于制造（教堂）玻璃窗、左轮手枪及步枪等枪械的子弹、（汽车）蓄电池、防辐射服（X 射线铅防护服）以及潜水配重等。

合金

加热两种或两种以上的金属直至它们熔化并混合。这种混合物又名合金，冷却凝固后可以再加工。很多情况下，合金的硬度、耐腐蚀性等都优于合金的单一成分。

青铜＝铜（Cu）＋锡（Sn）。 用青铜制成的剑和工具比铜制的更硬。铜是红色的，而青铜的颜色更深。

黄铜＝铜（Cu）＋锌（Zn）。 黄铜呈淡黄色，古希腊时已为人所知。

汞合金是汞（Hg）的合金。 若干年前，牙医还会用汞合金补蛀牙，但现在的补牙材料都不含汞了。

钢。 有时合金也含有非金属成分。钢是含碳铁合金。有些钢只含铁（Fe）和碳（C），不含其他金属元素。不锈钢主要含铬（Cr）——铬钢、铬和镍（Ni）——铬镍钢、钼（Mo）等。

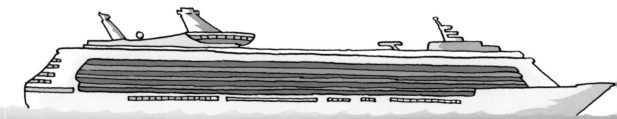

瑞士的青铜

公元前 1500 年，在现在瑞士的格劳宾登州，格里苏斯学会了合成新金属——青铜——的方法。他的锻工师傅说，青铜之名源于南意大利城市布伦迪西姆（即现在的布林迪西）。人人都渴望得到一把青铜剑或青铜工具。格里苏斯冥思苦想，终于用青铜造出了艺术品。他用蜡塑形，用黏土覆盖蜡像，随后熔化蜡，往空腔注入液态青铜，冷却后敲掉黏土，最后打磨完成作品。

惰性金属：物以稀为贵

　　今天，格鲁比在邻镇闲逛。他满脑子都是金属，琢磨着既然过去有铜器时代、青铜时代、铁器时代，未来是否也会以金属来命名现在的时代呢？譬如钛钢时代？他路过珠宝店的橱窗，发现虽然首饰彼此相仿，但是有些便宜，有些却价值昂贵，感到十分诧异。他进店询问店主："这些首饰看起来都差不多，为什么价格天差地别？"

　　店主解释："贵重首饰的材质是金、银、铂、钛，其他首饰的材质是廉价合金甚至是不锈钢。"格鲁比疑惑："那为什么金、银价值高呢？""要不是黄金价值连城，炼金术士怎么会一心炼金……"店主清清嗓子，"咳，总之黄金就是值钱。你肯定听过那句老话'发光的不一定是金子'。外行确实很难分辨一样东西到底是纯金还是金的合金，甚至还有一些金光闪闪的首饰完全不含黄金——你可能听说过'愚人金'，也叫黄铁矿。有些铜合金也能以假乱真。"

金（Au）和银（Ag）是最有名的惰性金属。铂（Pt）、钯（Pd）等也是惰性金属。惰性金属的"惰性"和惰性气体的"惰性"含义相同，这些元素几乎不与其他物质发生反应（化学家称这种性质为"惰性"）。金银易于加工，历来用于制作首饰、仪式性和宗教性物品。

金（Au，黄色，有光泽）：在自然界中，金主要以单质的形式存在，不会被氧化。金的英语单词"gold"源于印欧语言，意为有光泽的黄色。玫瑰金是金铜合金。白金含有钯（Pd）或镍（Ni）元素，这些元素会盖住金的颜色（所以白金看起来是银色）。有的白金亮光闪闪，那是因为涂了铑（Rh，也是金属）。

银（Ag，白色，有光泽）：公元前 5000 年前，这种亮闪闪的贵金属就已经备受人们追捧。有时银比金更珍贵。现在，银质的首饰、餐具、奖章和奖杯依然很流行。

银这种元素用途广泛，常用于工业加工。在所有金属中，银的导电性最好，导热最快。银的表面能大量反射光线，因此常用银来制造镜子。

实验 用苏打清洗银

虽然银是惰性金属，但是它也会氧化，变成深棕色乃至黑色。格鲁比在厨房的"客人专用餐具抽屉"里找到了几只变色的银勺，试图清洗，但氧化后的颜色怎么也洗不掉。他问尤斯图斯，怎么样才能把银器洗得干干净净。

"用铝箔和苏打就可以让银器焕然一新，"尤斯图斯说，"我一会儿就给你示范怎么做。不过你得先戴上护目镜！苏打很危险，腐蚀性很强，可能会溅进眼睛里伤眼。"

注意事项：碳酸钠（Na_2CO_3）俗称苏打。苏打是盐，其溶液具有碱性。**必须戴上护目镜（太阳镜、雪镜）以保护眼睛。**万一苏打溅进了眼睛，立即用大量清水冲洗，有必要的话要去看眼科医生。

实验用品：变色的银质物品、1 个大玻璃杯、70 克苏打（可以在超市购买）、0.5升水、搅拌工具（勺柄）、1 片铝箔、1 个浅玻璃碗。

实验步骤：首先配制苏打溶液。玻璃杯中放入苏打，加水搅拌。玻璃碗里放入铝箔，铝箔上放变色的银质物品。把苏打溶液小心地倒在它们上面，等待几分钟。

实验结果：银质物品焕然一新，不过闻起来有臭鸡蛋味，记得好好通风。（用商店买来的银器清洁剂清洗变色餐具后，餐具也会散发出臭鸡蛋味。）

原理解释：银与空气中的氧气和硫化物反应，形成黑色的硫化银。生成物可能是空气中的硫化氢（源于汽车尾气或火山）或含硫食品（主要是鸡蛋，也包括洋葱和芥末）。清洗银器时会发生化学反应，导致臭鸡蛋味的硫化氢逸出。

酸与碱

格鲁比想吃奶酪香肠沙拉，于是调制了沙拉酱汁。他尝了一口，顿时五官扭曲，龇牙咧嘴：太酸了！一气之下，他把醋都倒进了水槽，弄得水槽里醋漫金山！过了一会儿他擦水渍，诡异地发现水垢全没了。格鲁比把事情一五一十地告诉了尤斯图斯。

尤斯图斯对格鲁比说："醋和柠檬中含有一类叫酸的化学物质，确切地说，它们分别含有醋酸和柠檬酸。酸在水槽里和水垢发生反应之后，水垢中的碳酸钙变成了其他物质。有个实验用到了这种反应，结果有点儿'诡异'。来，我给你演示一下。"

实验　Q 弹透明蛋

实验用品： 1 个生鸡蛋、醋、1 个玻璃杯。

实验步骤： 玻璃杯中放入 1 个生鸡蛋，加醋直至淹没生鸡蛋。观察两三天。如果蛋壳没有变化，就用新醋小心地替换玻璃杯中的醋。

实验结果： 蛋壳上很快形成气泡（二氧化碳），这意味着醋已经开始溶解蛋壳的主语成分——碳酸钙。大约两天之后，蛋壳消失，蛋像橡胶一样柔软。举杯对着光源，可以看到蛋黄。透明的蛋摸起来会有点儿"诡异"。

原理解释： 发生了什么化学反应？

$CaCO_3 + 2 CH_3COOH \longrightarrow Ca（CH_3COO）_2 + H_2O + CO_2 \uparrow$

碳酸钙 + 醋酸——醋酸钙 + 水 + 二氧化碳

二氧化碳后的箭头指向上方，意味着二氧化碳作为气体逸出。

与酸相对的化学物质是碱。酸碱反应时，可能酸多，可能碱多，也可能酸碱恰好中和。

离子、酸性溶液和碱性溶液

一个水分子可以向另一个水分子转移一个带正电的氢离子（H^+，也叫质子），由此产生的两个粒子都带电。这种带电粒子叫作离子。离子或带正电（H_3O^+），或带负电（OH^-）。

$$H_2O + H_2O \rightleftharpoons H_3O^+ + OH^-$$

水 + 水 $\rightleftharpoons$ 水合氢离子 + 氢氧根离子

尽管纯水含有微量离子，但正离子与负离子数目相等，因此纯水是中性的。而酸或碱溶于水时，情况则有所不同，会得到酸性或碱性溶液。

酸性溶液中 H_3O^+ 多于 OH^-；

碱性溶液中 OH^- 多于 H_3O^+；

酸性或碱性溶液中，H_3O^+ 或 OH^- 的数目越多，相应地，溶液的酸性或碱性就越强，危险性也越大。

可以用 pH 值衡量溶液的酸碱度。

pH 值

pH 量表的范围是 0—14，根据 pH 值可以判断溶液的酸碱度。

pH 0 ：强酸溶液

pH 7 ：中性溶液（例如纯水）

pH 14 ：强碱溶液

胃液含有盐酸，是强酸溶液（pH 值大约为 1—1.5）；漂白剂（NaClO 次氯酸钠溶液）是碱性的（pH 值大约为 12），用于漂白；苏打溶液（Na_2CO_3，碳酸钠）也是碱性的。过去常用这两种物质作清洁剂。

指示剂：化学变色龙

　　pH 指示剂是有色物质，性质十分特殊，置于酸性或碱性溶液中会变色。石蕊就是这样一种提取自地衣植物的紫色指示剂，把石蕊加入酸性溶液中会变红，而把它加入碱性溶液中则会变蓝。石蕊在中性溶液中颜色不变，仍是紫色。

　　化学家则会使用通用指示剂——由可以指示酸碱性的物质制成的试纸或塑料制品来测试。你可以在杂货店或药店买到这类通用指示剂。不过，你也可以自己动手，用紫甘蓝做指示剂！

　　提问： 熟的紫甘蓝是什么颜色？

　　答案： 取决于烹饪方式，用（酸性的）醋调味，端上餐桌的紫甘蓝就是红色；只用盐调味，紫甘蓝就是蓝紫色。

实验　自制紫甘蓝 pH 指示剂

实验用品：2 片紫甘蓝叶、水、平底锅、8 个玻璃杯、白纸。

实验步骤：把 1 片紫甘蓝叶放入 100—200 毫升水中，煮 5 分钟。可以观察到水变蓝了。（注意：如果紫甘蓝叶太多且煮太久，溶液的颜色就会变得过暗，就观察不到什么了。）

溶液充分冷却后，加水稀释，蓝色变淡。然后你就制成了紫甘蓝 pH 指示剂溶液，这就是你的测试液。

取 8 个玻璃杯，排成一列，置于白纸上，最好就放在水槽边。每个玻璃杯中注入一部分蓝色测试液。左数第三杯是对照杯，除了测试液什么也不加。

从最左边的杯子开始，倒入几滴柠檬汁，用塑料勺轻轻搅拌。旁边的杯子（左数第二个）倒入一点点醋。

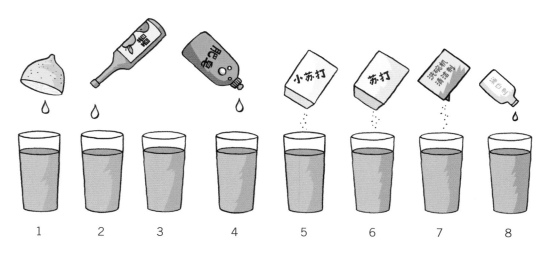

4 号杯子倒入 5 滴肥皂溶液。5 号杯子加入少量小苏打（$NaHCO_3$，碳酸氢钠）。6 号杯子加入苏打（Na_2CO_3，碳酸钠）。

实验结果：紫甘蓝溶液中加入不同物质会呈现不同的颜色。

酸性物质体现为红色，中性物质体现为蓝紫色，弱碱性物质体现为绿色，强碱性物质体现为黄色。

只有加入"强效"清洁剂才会得到绿色或黄色溶液。由于这样的物质对小朋友来说可能非常危险，**接下来的实验必须在成年人的陪同下进行！** 7 号杯中加入几粒洗碗机清洁剂，8 号杯中加入几滴漂白剂（次氯酸钠）或含有漂白剂的清洁剂或除菌剂。记录实验结果。

你肯定还想试试加入其他东西，不妨试试酸菜汁、掺水的牛奶、唾液、蒸馏水、海水、池水、肥皂溶液等。

自制试纸

吸水纸（即吸墨纸，文具店可以买到）裁成 1cm × 6 cm 大的纸条，浸入紫甘蓝溶液中，将它们晾干并收好，以备在之后的实验中使用。

盐——不只可以调味！

　　8月1日（瑞士国庆日，会放烟花庆祝）快到了。格鲁比去村里的杂货店买节日烟花，想给尤斯图斯一个惊喜。"格鲁比，你运气真好。'火箭''火山''太阳烟火'刚刚到货，都是中国制造，"店员笑了，"这些直接来自烟花的故乡。顺便提一句：以前教授自己做过烟花。你真应该看看！"

　　格鲁比如愿以偿地给了尤斯图斯一个惊喜，尤斯图斯高兴极了。"看呀，格鲁比！"尤斯图斯指着被烟花照亮的天空叫道，"钠！那儿是铜！这儿能看到钡！"格鲁比露出一副难以置信的样子。尤斯图斯说："明天我在实验室给你演示焰火的颜色，准让你大吃一惊。"

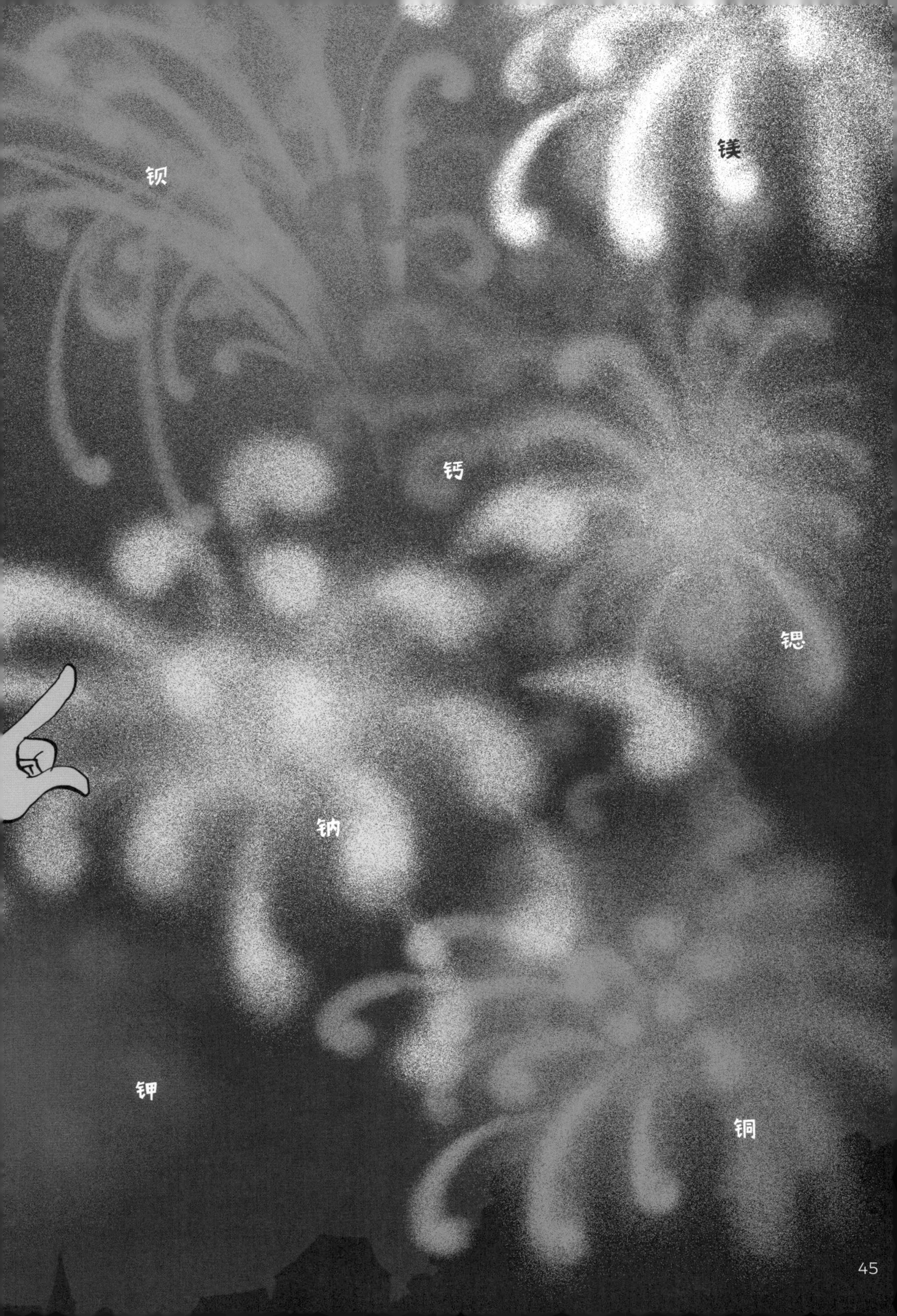
钡
镁
钙
锶
钠
钾
铜

吃早餐时，尤斯图斯在鸡蛋上撒盐，笑着说："黄澄澄的。"格鲁比不明所以，大惑不解地看着他。尤斯图斯说："一会儿告诉你这是什么意思。"

早餐后，尤斯图斯带着格鲁比到一扇神秘兮兮的门前，尤斯图斯打开门，格鲁比看到一个三面都是玻璃的装置，"这是研究所的老模型，研究所改建时我把模型留了下来。"尤斯图斯解释道，"这片玻璃可以放下来当工作台。装置上方安装了动力强劲的风扇，非常适合做会冒烟的实验。"尤斯图斯把实验服和护目镜递给格鲁比，"这都是化学家的必备物品。"

一切准备就绪。尤斯图斯点燃火焰温度极高的特制煤气灯——本生灯。他取了一根白色小棍，先浸入稀释过后的盐酸溶液中，再浸入食盐里，随后在火焰中加热棍子直至灼热。火焰变成了明黄色。

尤斯图斯解释："这是食盐中钠的颜色。"接下来他又实验了其他盐类。 格鲁比在实验日志中记下了所有的实验结果，最后做成以下表格。

金属	火焰颜色
钠（食盐）	黄色
钾（钾盐）	紫色
钙	砖红色
锶	红色
铜	蓝绿色
钡	绿色
镁	白色

食盐（氯化钠）

盐类是正离子（阳离子）和负离子（阴离子）结合的化合物。 每个人都认识食盐。食盐的化学名称是氯化钠（NaCl），组成成分是钠离子和氯离子。 在食盐中，钠离子 Na^+（阳离子）和氯离子 Cl^-（阴离子）以晶格的形式规律地排列。

正常室温下盐类是固体，通常在高温下才会熔化。 食盐的熔点约为 800℃ 。 很多盐类很容易溶于水。 有些盐类溶解时会改变溶液的 pH 值，使它从中性变成酸性或碱性。

实验 盐类

实验用品：3 个玻璃杯、水、食盐、小苏打（$NaHCO_3$，碳酸氢钠）、苏打（Na_2CO_3，碳酸钠）。

实验步骤：2 汤匙水中加入 1 茶匙食盐，用自制 pH 试纸或药店购买的通用试纸测试 pH 值。 其他盐类如法炮制。

实验结果：食盐溶液呈中性，小苏打溶液呈弱碱性，苏打溶液碱性较强。

原理解释：

$Na_2CO_3 + H_2O \longrightarrow NaHCO_3 + Na^+ + OH^-$

碳酸钠 + 水 $\longrightarrow$ 碳酸氢钠 + 钠离子 + 氢氧根离子

$NaHCO_3 + H_2O \longrightarrow NaOH + CO_2 \uparrow + H_2O$

碳酸氢钠 + 水 $\longrightarrow$ 氢氧化钠（$Na^+ + OH^-$）+ 二氧化碳 + 水

只要时间久，铁也会生锈

格鲁比想用前一天的剩饭做饭吃。他在橱柜里找到了一个老旧的正宗铁锅，锅把手上贴着一张字条：

亲爱的格鲁比：

如果你用铁锅做了饭，请洗完锅之后务必赶快上油！

尤斯图斯

吃完饭，格鲁比懒洋洋的，忘了字条上的提醒，惬意地躺在沙发上。突然间他想起了尤斯图斯的提示。他"嗖"地冲进厨房亡羊补牢，但铁锅内部已经生锈了。幸好只生了一点儿。他用钢丝球擦掉了锈迹，洗净晾干铁锅之后，又在铁锅内部抹上油，思索起油能防止铁生锈的原因。

油

实验 | 钉子以不同速度生锈

实验用品： 3 枚大铁钉、砂纸、3 个杯子、自来水、刚烧开的水、盐、油。

实验步骤： 取 3 枚钉子，用砂纸打磨光滑。第 1 个杯子倒入 2 汤匙盐，加水搅拌溶解，放入 1 枚钉子。第 2 个杯子里倒入自来水，放入第 2 枚钉子。第 3 个杯子倒入刚烧开的水，放入第 3 枚钉子，并滴油直至油层覆盖水面。

将装钉子的杯子静置，每天记录观察情况。

实验结果： 盐水中的钉子比普通自来水中的钉子腐蚀（生锈）快得多。有油和开水的杯子中的钉子几乎没有生锈。

原理解释： 你已经从"金属"这一章里学到，氧化过程导致生锈：铁与氧生成盐类——铁的氧化物。通过煮沸，你已经去除了水中大部分的氧。此外，额外的油层起到了保护层的作用——避免空气中的氧再度进入水中。铁锅中涂上薄薄的一层油也是同样的原理：避免空气中的氧接触铁并使铁氧化（见左页）。

实验 铁遇氧气会生锈

实验用品： 1 盆水、1 个玻璃杯（下宽上窄）、1 只钢丝球（不带肥皂）。

实验步骤： 用水润湿钢丝球，把钢丝拉扯开，塞进玻璃杯底，然后把杯子倒置在水盆中。过几小时后观察结果。

实验结果： 玻璃杯中的一部分氧与水、钢丝球发生化学反应，生成铁锈，因此杯中的空气体积减小，盆中的水相应地吸入。

注意： 如果用盐水打湿钢丝球，生锈速度更快。由于盐类（海盐、融雪盐）会加速生锈，必须小心保养铁器（镀锌、喷漆、涂油）。大力擦洗可以除锈，但也可以通过化学方式除锈。

饮料也能除锈

格鲁比在花园的木屋里发现了一个小箱子。是藏宝箱吗？但是几个螺丝固定住了盖子，而螺丝刀怎么也拧不开生锈的螺丝！格鲁比气得跳脚，尤斯图斯闻声而来，立刻看出了问题。他神神秘秘地说："往螺丝上滴几滴可乐，过一小时再试试。"格鲁比照做之后，果真拧开了螺丝！

这是怎么回事呢？原来可乐中含有磷酸，可以把铁锈转化为磷酸铁。

碳的七十二般变化

格鲁比用精美的白瓷壶泡了茶。他找到了和茶壶配套的茶炉，点燃蜡烛，把茶壶放在茶炉上温着，惬意地喝茶。

清洗茶壶时，格鲁比发现壶底有厚厚的一层乌黑。他用手指刮了刮，手指就沾上黑色的物质。这只能是炭黑了。

实验 橡胶气球底部的炭黑

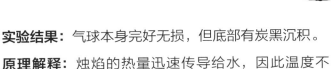

实验用品： 1支蜡烛、1个橡胶气球、水。

实验步骤： 橡胶气球灌入冷水后扎口。点燃蜡烛，蜡烛火焰对着气球底部烘烤。

实验结果： 气球本身完好无损，但底部有炭黑沉积。

原理解释： 烛焰的热量迅速传导给水，因此温度不够，无法熔化橡胶。由于蜡烛不能充分燃烧，那些不完全燃烧的产物就以炭黑的形式沉积在橡胶上。

石墨、钻石、富勒烯都由碳构成，但性质截然不同。

石墨

石墨是层状结构，碳（C）原子排列成六边形。铅笔芯的主要成分是石墨和黏土。黏土成分越多，笔芯越硬。

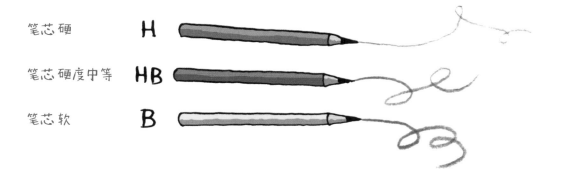

笔芯硬 　　　　　　H

笔芯硬度中等 　　 HB

笔芯软 　　　　　　B

炭黑的主要成分是石墨，炭黑还含有其他杂质。炭黑是印刷油墨和墨汁的原材料。

炭

钻石

在高温高压下，石墨中的碳原子以不同的晶格形式规律地排列，生成的物质晶莹剔透，熠熠生辉。大多数钻石都是天然钻石，在地幔 150 千米深处的高温高压下（1200—1400 摄氏度）生成。

1 克拉的钻石相当于 0.2 克钻石。钻石是硬度最大的物质。但最坚硬的钻石也可以被摧毁：在 900 摄氏度高温下，钻石在氧气（O_2）中燃烧，会全部转化为 CO_2。

富勒烯

化学总能让人惊喜连连。1985 年，一个研究团队成功研制出新型碳分子，他们把这种球状产物称为富勒烯。其中最知名的是 60 个碳原子组成的 C_{60}，外形类似足球，也叫足球烯。

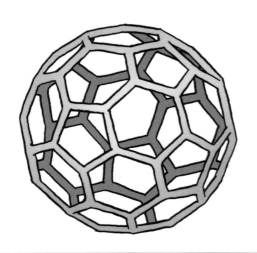

生命元素

春天，格鲁比种下了向日葵，精心浇水。到了 8 月，有些向日葵已经长得比格鲁比还要高，结出了向日葵籽。格鲁比剪下向日葵的花盘，准备冬天挂在树上，当作山雀的食物。

几天后，格鲁比生了一小堆火，朝火里扔了一些秸秆。

他正想再往火堆里扔一些废木头，尤斯图斯提着水管跑来浇灭了火堆。格鲁比目瞪口呆。尤斯图斯解释道："为了保护环境，好几年前就禁止生火啦。"

格鲁比捡起烧焦的秸秆，仔细打量："这是不是和我烤煳的焦糖一样，是炭？""没错。"尤斯图斯肯定道。 格鲁比疑惑道："可是植物里哪儿来的碳呢？ 我只浇了水呀。""问得好。"尤斯图斯赞赏道，"植物里的碳来自空气中的二氧化碳（CO_2）。"

植物如何呼吸

　　人和动物吸入氧气（O_2），呼出二氧化碳（CO_2）。 植物的呼吸过程相反：吸入水（H_2O）和空气中的二氧化碳（CO_2）。 植物的绿色部分会把 CO_2 和 H_2O 转化为葡萄糖（$C_6H_{12}O_6$）。 在此过程中植物会呼出氧气（O_2）。 太阳光提供了这个化学反应过程所需的能量。 因此，这个过程也叫光合作用。

　　$$6\,H_2O + 6\,CO_2 \rightleftharpoons C_6H_{12}O_6 + 6\,O_2$$

　　水 + 二氧化碳 $\rightleftharpoons$ 葡萄糖 + 氧气

植物可以利用葡萄糖生产其他物质，有纤维素、淀粉，还有蛋白质、脂肪、维生素、染料和香料。葡萄糖和淀粉等物质是太阳能的储存形式，提供植物所需的能量。

由于植物能够吸收、转化二氧化碳（CO_2），因此它们对气候至关重要：空气（大气）中二氧化碳（CO_2）的含量过高会导致气候变暖，危害环境。

太阳能的储存

几百万年前储存了太阳能的植物最终变成了硬煤和褐煤。海洋生物的命运与之相仿，变成了石油和天然气。现在，这些化石原料都是重要的能源。这些化石原料可以合成新物质，例如药品、肥料、塑料。但地球上的化石原料数量有限，人类必须精打细算，审慎使用。

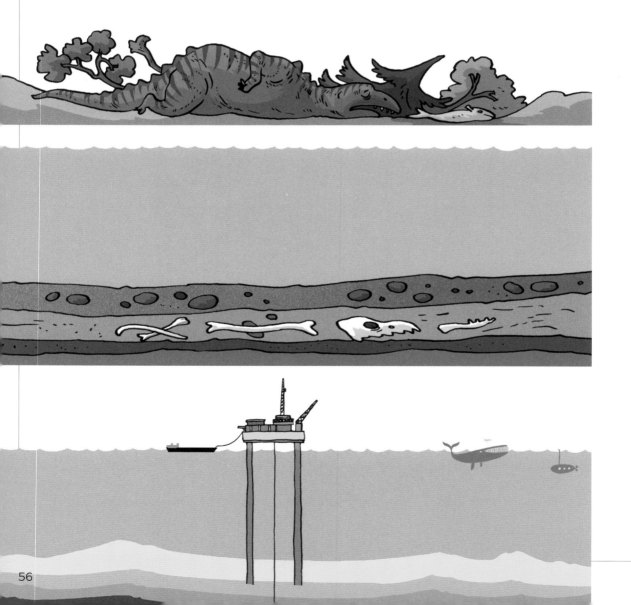

实验 隐形字

实验用品： 白纸、柠檬汁 /
牛奶、笔尖 / 小木棍（也可以用
棉签或羽毛代替）、熨斗。

实验步骤： 笔尖 / 小木棍浸
入柠檬汁 / 牛奶中，在一张纸上
写下一条信息。等字迹干后，用
熨斗加热纸张。

实验结果： 加热后，字迹显示了出来。

原理解释： 柠檬汁和牛奶比纸更容易炭
化，因此纸上呈现出棕色的字迹。

为什么原始森林不需要肥料?

　　尤斯图斯又出门了。格鲁比正在花园里除草。他发现花园里的植物和农夫布雷姆种的植物相比矮小很多,便向农夫求教,农夫问:"春天的时候,你有没有在土里施肥?有没有用复合肥料?"

　　"复合肥料?"格鲁比皱眉,"那是干什么用的?"

　　"虽然植物只要有阳光、空气和水就能生长,但想让植物长得茂盛多结果,还需要肥料——也就是更多的营养。去木屋看看吧,那里肯定有肥料。"

　　格鲁比在木屋里找到了工具,还有一桶 NPK。NPK 是什么意思?氮、磷、钾?格鲁比询问农夫。"每种肥料里都有氮磷钾这三种元素,"布雷姆笑了,"不过我通常就用鸡粪。"

鸟粪和 NPK 肥料

鸟粪是海鸟的粪便，是知名肥料。鸟粪是天然肥料，粪水、动物粪便、堆肥用的植物残渣（腐殖质）也是天然肥料。

19 世纪中叶，德国化学家尤斯图斯·冯·李比希发现：植物生长不仅需要水和二氧化碳，还需要溶于土壤的营养物质。植物需要大量氮（N）、磷（P）、钾（K），还需要钙（Ca）。含有以盐类形式存在的氮、磷、钾元素的肥料也叫 NPK 肥料。

鸟粪

物尽其用

原始森林里的植物欣欣向荣，无须施肥。因为死去的植物会掉落到地上，慢慢腐烂，所有的矿物质都重归大地，活着的植物可以再次吸收营养物质，茁壮成长。

花园、公园、田野的情况则不同。在这些地方，人们会剪下植物的花、穗子之类的部位，清理掉到地上的枝叶，这样一来，植物的营养物质就一去不复返了。少了营养物质之后，新生的植物就无法生长。想让植物重新茁壮生长，就必须施肥，增加土壤中的矿物质。

塑料：寿命太长也很烦

格鲁比想说服尤斯图斯和自己一起去城里参加田径运动会："体育场新建了塑胶跑道，选手肯定能创新纪录！"尤斯图斯上钩了："有意思，不知道化学家关于塑料的研究开展得怎么样了。"两人上路了。他们在高速公路休息站休息了一小会儿，正准备重新上路时，尤斯图斯指了指道路两边的塑料瓶："什么人把塑料瓶

就这么扔在路边。"他很不满："如果没人去捡，这些瓶子会一直在那儿，直到地老天荒——塑料几乎不会腐烂。""停车！"格鲁比叫道。尤斯图斯停下车，格鲁比跳下车，捡起瓶子放进汽车后备箱。

"格鲁比，干得好。"尤斯图斯赞赏道，"我们现在直接开到回收站。这些材料还有回收价值，况且有些塑料燃烧时会释放有毒气体。"

没有碳就没有塑料

塑料的主要成分是碳（C）。此外还含有氧（O）和氢（H），有时也含氟（F）、氯（Cl）和氮（N）。

塑料是合成材料，顾名思义是由人工制成的，在自然界中并不存在。合成材料由大量相同的成分或子单元组成，这些相同的成分或子单元叫作单体。制造合成材料的原材料提取自化石原料。这些单体排成长链，可以分支，可以交联。化学家称这种大分子为聚合物。

塑料不溶于水，几乎不和酸碱反应，也不会分解，因此非常经久耐用。但很多塑料可以溶于汽油、乙酸乙酯（指甲油清洗剂）、丙酮、氯仿等物质。

很多物质完全或部分由塑料制成，如：CD、塑料手提袋、家用箔、鞋底和人造皮革、地板、家具、书包和运动背包、手机、电脑、相机、织物、饮料瓶、运动器械以及一次性食品包装等。

回收与再利用

塑料由石油制成。由于地球上石油数量有限，应当回收塑料制品。回收即再利用。所有适合于回收的物品都标有类似下面的循环符号，包装上随处可见：

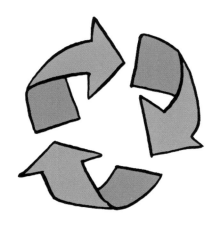

带有这种符号的产品必须送往回收站。

但有些用来盛装有毒有害液体的塑料瓶或塑料包装则需要视情况特殊处理。

萤火之光，电灯之辉

"晚上想不想去散散步？"尤斯图斯问格鲁比，"一年中的这个时节，荒原上到处都是萤火虫。"格鲁比兴冲冲地点头。"那拿上手电筒吧。外面黑漆漆的。"格鲁比窜了出去，不一会儿便回来了。他打开手电筒开关，手电筒却只发出微弱的光。格鲁比疑惑："是没电了吗？还是接触不好？"他取出电池，伸出舌头舔了舔电池两极：舌头麻到了，电还很足。"你这一招肯定是跟童子军学的。"尤斯图斯赞许道，"舌头发麻，意味着电流从电池一极流经舌头流向另一极。"暴风雨毫无征兆地降临，雨点噼里啪啦地落下来。"我们还是快往家跑吧。"尤斯图斯提议，"回去我告诉你水怎么通电。""水还能通电？"尤斯图斯的话勾起了格鲁比的好奇心。

实验 水能导电

实验用品： 1 支带可拆卸头的 LED 手电筒（也可以用老式手电筒，电池规格为 4.5 伏或 9 伏）、3 根 40 厘米长的绝缘线（电话线或扬声器线，请有经验的人帮忙，每根线的两端各去除 4 厘米的绝缘部分）、3 枚小曲别针、弹簧夹、小夹子、1 个玻璃杯、自来水、食盐、搅拌勺。

实验步骤： 取一根绝缘线，一端缠一枚回形针，别在电池的一个接口上。另一端也用回形针固定在灯座外缘。

第二根线的一端用回形针固定在电池的另一个接口上，用夹子把绝缘线的另一端固定在灯座中央的接点上。**注意：不要触摸两条绝缘线的两端和电池接口。** 如果所有线路连接正确，并且电池有电、灯泡完好，灯就会亮起。

现在，松开电池其中一个接口的回形针（灯随之熄灭），再用回形针把第三根绝缘线的一端固定在这个接口上。

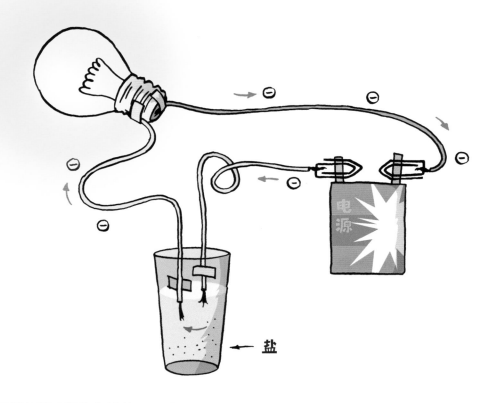

把第二根和第三根绝缘线的另一端分别放入玻璃杯中，互相不触碰，用胶带把两个端头固定在杯壁上。

杯中倒入自来水，水量必须浸没光秃秃的电线端头。现在倒入两汤匙食盐，小心搅拌，看看发生了什么？

实验结果：食盐一溶解，灯泡就发光。实验中可以闻到氯气的味道。**注意：大量氯气对人体有害！**

原理解释：食盐晶体（NaCl）中，离子密密麻麻地排列在晶格中。食盐溶解时，离子进入液体，可以自由移动：

$$NaCl \longrightarrow Na^+ + Cl^-$$

食盐 $\longrightarrow$ 钠离子 + 氯离子

Cl^- 聚集在连接电池正极（阳极）的绝缘线端头，Na^+ 聚集在连接电池负极（阴极）的绝缘线端头：食盐溶液中的电流就是带电粒子的移动。

纯净（蒸馏）水、去矿物质水（部分用于熨斗、汽车电池）以及通常情况下的自来水中，离子数目实际上很少或为零，水中通过的电流很微弱，不能点亮灯泡。

格鲁比问："我们什么时候去看萤火虫呢？""明天晚上，天一黑就去。"尤斯图斯回答，"话说回来，你知道吗？萤火虫发光是发生了化学反应。不仅如此，还有更惊人的事实！这个化学反应中 95% 的能量都转化成了光——这么高的转化效率简直闻所未闻！人造光源的效率可低多了。白炽灯的效率特别低，只有 3%—5% 的能量转化成了光，也就是说，其余能量都变成热能浪费了。和白炽灯泡不同，萤火虫发的是冷光，所以萤火虫根本不该叫'火'，名不副实。"

化学反应生电

一次性电池和可充电电池（蓄电池）通过化学反应产生电流。这种化学反应需要合适的原料，比如碱锰电池中含有锌、锰、碱性溶液。带电粒子移动时产生电流，金属中的带电粒子就是电子，溶液中的带电粒子是离子。

碱锰电池中，锌中的电子流向锰。汽车电池（准确来说是蓄电池，可以反复充电）中金属主要用锂，溶液用盐酸溶液。**不过要注意：盐酸是强酸！还有，不要用手碰汽车电池和摩托车电池，否则可能会严重烧伤。**

电池属于有害垃圾

基本上，电池不论多小，都是有害垃圾，必须送到指定的回收箱里。

新型电池

电池不断推陈出新，能耗越来越低，越来越环保。新一代电池将有助于解决能源问题。

医学亦化学

　　格鲁比滑雪时摔伤了头和手肘，出了点儿血。他没在尤斯图斯的药柜里找到消毒用品，就用急救书上教的方法包扎了受伤部位，然后骑自行车去了村里的药店。药剂师推荐了一种含碘产品。

　　格鲁比难以置信："药品里也有化学吗？""当然，"药剂师笑了，指着周围的货架，"没有化学，这些架子就空了。"

　　药剂师说的话给格鲁比留下很深的印象，于是他买下了碘溶液。临走时他还听见药剂师在喊："顺便说一句，碘可以用来检测淀粉！淀粉是一种长链糖类化合物。"格鲁比决定一回尤斯图斯家就试试。

实验　检测淀粉

实验用品：含碘消毒液、淀粉（1 个土豆、一些玉米面／玉米淀粉、小麦面粉／小麦淀粉、土豆淀粉）。

实验步骤：1 汤匙水中加入少许面粉或淀粉，搅拌均匀后滴入一滴碘液。也可以切开土豆，在横截面上滴碘。

实验结果：碘遇到水中或土豆横截面上的淀粉，变为蓝黑色。试试糖、苹果片、麦片等食品中是否也能检测出淀粉。

药品中的有效成分

在古代和中世纪时，植物是主要药材，可以口服、直接涂抹在身体上……或者制成浸膏、软膏、药丸。直到近代，化学家才明确了植物中的有效成分，进而能够人工合成药品。举例而言，1899 年，知名止痛药阿司匹林就已经上市了。

为了增强治疗效果、减少副作用，人们也会有针对性地改变有效成分。

抗生素能有效杀菌。最知名的抗生素是青霉素。青霉素最初是在霉菌中发现的。1929 年，人类首次开展青霉素相关的研究。抗生素救人无数，大大提高了人类的平均寿命。

就研发药品而言，化学至关重要。不仅如此，医学领域各方面的发展都离不开化学的成就。

明胶：既不是固体，也不是液体

格鲁比想做个布丁，就查看了食谱。家里所有材料都有——除了明胶。他在村里的商店买了一包明胶和一包小熊糖。回家后，他拆开包装，拿出 6 片明胶，放入一个比较深的碗中，再加入 1 汤匙温水，等待明胶片膨胀。他边等边心满意足地吃了几颗小熊糖。通读完小熊糖包装袋背面的说明，他发现小熊糖也含有明胶。小熊糖在水里也会膨胀吗？

 实验 | **巨熊糖**

实验用品： 1 个玻璃杯、水、2 块小熊糖（注意：有机小熊糖不含明胶）。

实验步骤： 水杯中放入一块小熊糖（另一块用于对比），静置过夜。第二天早上观察小熊糖的情况。再静置两三天，进一步观察情况。

实验结果：时间越久，小熊糖涨得越大。

原理解释： 小熊糖吸收了水分，因此越来越大。

爱水成痴：明胶

家中常用明胶使液体变稠，用这种方法可以把果汁或肉汁做成美味可口的果冻、果酱、布丁或肉冻。化学家称布丁或肉冻等胶冻状物质为明胶。

明胶中至少含有一种固体物质和一种液体物质。固体的分子链间因充盈液体而涨大。

明胶由动物（主要是猪）皮或骨头制成。这是最"渴"的物质：一片明胶可以吸收好几百毫升水。

除了明胶，（苹果制成的）果胶和（红藻制成的）琼脂也能增稠。如果你想知道布丁粉之类的东西里是否含有上述物质，看看包装背面吧，那里肯定标明了成分：E440（E 是欧盟对其认可的食品添加物的编号）是果胶，E400-405 是琼脂。

用途广泛的胶水

格鲁比观察到，蜗牛在窗玻璃上垂直向上爬，居然没有掉下来——蜗牛黏液一定像胶水一样牢固！格鲁比问教授，这究竟是怎么回事。"没错，"尤斯图斯说，"蜗牛黏液和现代胶水的工作原理几乎一模一样，都是双组分胶黏剂。蜗牛可以在黏液中掺入蛋白质化合物，黏液转瞬间就转化为黏胶。黏胶 95% 的成分是水，就像小熊糖实验中涨大的明胶一样。"

实验 用酪蛋白制胶水

实验用品：醋、1 个玻璃杯、牛奶、泡打粉、1 块布、1 个可密封容器。

实验步骤：1 杯牛奶中加入 2 汤匙醋。10 分钟后，乳白色的酪蛋白凝结成块，沉积在杯底。倒出液体，将酪蛋白块置于布上，挤出水分。把一小撮泡打粉与酪蛋白混合。

实验结果：混合物可以用来黏合纸张。请用可密封容器保存。

胶水

胶水是一种黏合剂，由自然界的动植物或人造物质组成，可溶于水。

石器时代，胶水已为人所知。人类用桦木树脂把矛头或箭镞固定在木柄上。

在古巴比伦人的时代，熬煮胶水也是一种职业。那时人们用骨头、软骨等动物废料熬煮胶水。后来也用沥青和乳白色的酪蛋白作黏合剂。200 年前，黏合剂的原材料是天然橡胶。1960年，市面上第一次出现了强力胶，1969 年出现了第一支固体胶。

合成黏合剂

比起格鲁比的自制胶水，现代黏合剂黏合速度更快（快速黏合剂）、黏性更强。如果你要使用强力胶，注意不要粘在皮肤或眼睛上。

而且黏合剂多种多样！一般而言，黏合剂的名称会说明它适用的材料范围：木胶、鞋胶、瓷砖胶。

黏起来的庙

20 世纪 60 年代初，埃及政府规划了一个大型建设项目——尼罗河大坝，但是大坝水库中的水位很高，会淹没阿布辛贝神庙！为了抢救这座建筑瑰宝，专家把神庙拆成 1041 块，运到安全地点，用双组分胶黏剂（西巴—盖吉公司生产制造的爱牢达环氧树脂黏合剂）重新黏合。这一工程持续了 5 年（1963—1968）。多亏有黏合剂，我们今天还能欣赏到这座拥有 3000 多年历史的神庙。

酵母：厨房好帮手

格鲁比准备烤蛋糕。他在尤斯图斯的烹饪书里找出了一种配方，购买了原料，一丝不苟地按照食谱操作。首先，必须用水混合酵母和糖，然后静置。过了一会儿，他看到混合物冒泡了。这是产生什么东西了吗？

幸好，尤斯图斯在食谱空白处注明了"CO_2实验"。格鲁比放下心，自编歌词，哼起了流传已久的儿歌：

蛋糕要想烤得好，
七种材料少不了，
鸡蛋牛奶藏红花，
面粉猪油糖盐巴。
聪明脑瓜都知道，
还有酵母最重要，
松软香甜做蛋糕，
二氧化碳是诀窍。

实验　用酵母给手套充气

实验用品： 1 包酵母（42 克）、糖、1 个空饮料瓶（大约 500—700 毫升）、1 双一次性橡胶手套、温水。

实验步骤： 瓶里加入酵母和 3 汤匙糖，可以用漏斗加入。 再加入 2 汤匙温水，摇匀。 瓶口套上橡胶手套，往下拉到合适的位置。 手套底缘最好用胶带贴在瓶颈上，防止滑落。 观察反应情况。

实验结果： 一小时后，手套鼓起来了。

原理解释： 酵母与糖发生了反应，生成的气体吹胀了橡胶手套。

注意： 也可以用气球代替橡胶手套。 之前的实验中气球已经被吹胀过好几次。

小帮手酵母

酵母是微小的单细胞真菌，一旦与糖接触，就会把糖转化成二氧化碳气体（CO_2）与酒精（准确而言是乙醇 C_2H_5OH）。

用化学符号表示的话：

$$C_6H_{12}O_6 \longrightarrow 2\,C_2H_5OH + 2\,CO_2 \uparrow$$

葡萄糖——乙醇 + 二氧化碳

只有空气（氧气 O_2）极少的情况下，酵母才会触发上述反应，因此准备原料过程中不能搅拌水、酵母和糖的混合物。面包、蛋糕等烘焙物由于二氧化碳（CO_2）而膨胀，变得蓬松。

烘焙时，与二氧化碳同时生成的酒精（沸点 78℃）蒸发了，因此不用担心吃蛋糕多了会醉。

小苏打中的 CO_2

现在，人们也常用泡打粉代替酵母。泡打粉含有小苏打（$NaHCO_3$，碳酸氢钠）和柠檬酸、酒石酸之类的酸性材料。

泡腾片起泡的原理也一样。泡腾片含有小苏打和酸（多数情况下是柠檬酸、酒石酸或苹果酸）。一旦泡腾片溶于水，酸就与小苏打发生反应，二氧化碳（CO_2）逸出。

实验　用隐形气体表演魔术

实验用品： 2 只大玻璃杯、1 根蜡烛、1 包泡打粉、水、1 根长火柴。

实验步骤： 由于实验不能通风，必须关窗。把蜡烛放进玻璃杯，用长火柴点燃烛芯。另一只玻璃杯加入泡打粉，再滴几滴水，便开始冒泡了。一分钟后，将这只杯中的气体小心翼翼地倒进另一只燃着蜡烛的杯中。

实验结果： 蜡烛很快熄灭。

原理解释： 泡打粉中逸出的二氧化碳（CO_2）比空气重，逐渐充满玻璃杯。把二氧化碳（CO_2）倒入里面有燃烧的蜡烛的杯中，会把那只杯中的空气挤出去。没了氧气（O_2），蜡烛就烧不起来了。

74

实验 法老的蛇

注意： 酒精易燃。 **本实验只能在室外进行，必须有一名成人陪同。 一定要穿实验服，戴护目镜。**

实验用品： 含糖的泡腾片或咽喉含片（药店、杂货店、超市均能买到）、1 只防火碗（比如旧盘子、深度较浅的罐头盒、黏土锅锅底）、沙子、3 汤匙酒精、1 小包长火柴。

实验步骤： 碗里铺沙，倒上酒精。 沙面用酒精覆盖后，把碗尽可能放在远处。 在沙子和酒精的混合物中插入一两片泡腾片或咽喉含片，插入深度约为药片的一半，用长火柴点燃药片。 观察火焰熄灭前的情况。

注意：碗中混合物燃烧时，千万不要添加酒精！

实验结果： 白糖块中慢慢地"爬出一条黑蛇"。

原理解释： 糖炭化了（就像第 08 页中格鲁比的焦糖布丁一样），同时，泡腾片和咽喉含片中含有的小苏打在反应过程中释放出 CO_2，吹胀了炭化的糖。

实验　可乐喷泉

注意： 实验在室外进行，最好在草地上。实验全程穿泳衣或旧衣服。别忘了戴上护目镜！

实验用品： 曼妥思、1 瓶常温可乐（其他可乐也可以，但效果稍差）。

实验步骤： 打开可乐瓶，放入 1 片曼妥思，迅速跑开。

实验结果： 瓶中喷出一股可乐，瓶内只剩少量液体。再加入两三片曼妥思，液体喷射力度更强。

原理解释： 加入曼妥思（可能因为表面有孔）导致可乐中溶解的 CO_2 迅速逸出。可乐和 CO_2 同时喷出瓶口。用其他气泡水代替可乐也可以，不过效果会打折扣。

小窍门： 你有没有在餐厅点过带气的"无气泡水"？想无气，只要往杯中加入糖或盐粒，液体表面会迅速冒出 CO_2，马上你就可以得到无气泡水了。

酒窖里发生了什么？

自然界中，水果表皮上存在酵母。葡萄之类的含糖水果捣烂后装入容器，水果就开始发酵：酵母菌把糖转化成二氧化碳（CO_2）和酒精。与烘焙不同，发酵过程中不会产生热，因此酒精残留在混合物中，不会蒸发。混合物中酒精含量达到 12% —14% 时，酵母菌就承受不住了，会毒死自己，发酵反应随之停止。酒就酿好了。

牛奶加入酵母和乳酸菌制成酸奶饮料，同时产生酒精。如果在室温下慢慢品尝酸奶饮料，会感到二氧化碳（CO_2）在扎舌头。酸奶饮料的酒精含量低于 1%，所以小朋友也可以吃。

我们也可以从植物组分（生物质）中大量提取酒精。这是一种重要燃料（生物乙醇）。

你已经知道：如果酒精含量太高，酵母菌就无法存活。但也有微生物可以与酒精共存。

葡萄酒变醋

农夫布雷姆给格鲁比带了过冬用的木柴。布雷姆卸下木柴，格鲁比想请他喝点儿饮料。他在地下室的货架上发现了一瓶开封的葡萄酒，闻了闻。

"我的天哪，"他感叹道，"闻起来和醋一模一样！"布雷姆竖起耳朵："醋？"他说，"我能尝尝看吗？"

格鲁比把酒瓶递给他，他先闻了闻，然后尝了一勺。"嗯……"他赞赏道，"这是我喝过的最好的醋。能不能给我一些醋母？"格鲁比惊呆了："什么母？"布雷姆笑了："我是说用来酿醋的酵母。"格鲁比疑惑："酒怎么会变成醋呢？还有，我去哪弄醋母？"

实验　酿醋在人，成醋在天

实验用品：1 瓶廉价红酒（向大人要）、1 个（球状）大瓶子、1 个棉球、pH 试纸。

实验步骤：打开酒瓶，把酒倒入大瓶子，用棉球塞住瓶口。把瓶子放在暖和的地方若干天，定期用 pH 试纸检测 pH 值是否改变、如何改变。记录观察结果。

25—30℃的温度很适宜醋酸菌生长。由于醋酸菌需要氧，所以容器不能密封。定期搅拌葡萄酒，或时不时地摇晃酒瓶。成品醋经过过滤后在储藏室里放置两三个月，使之成熟（过滤时，把液体倒入过滤器，滤出颗粒较小的杂质。）。

实验结果：酒变酸了，pH 值变低了。

果蝇与醋母

霉菌的孢子和醋酸菌都很小，会在空气中传播。运气好的话，足量醋酸菌会经棉球进入酒中，"吞噬"酒中含有的酒精，将其转化为醋酸。棉球能防止霉菌孢子进入酒中，它会让瓶中的酒或醋变质。果蝇会传播醋酸菌。

如果你从成品醋中取出细菌，放入要变成醋的酒中，可以加速酿醋的过程。细菌繁殖形成黏糊糊的胶状物质，随着时间流逝沉积在容器底部，这就叫"醋母"。

靛蓝染牛仔裤

格鲁比已经系上了围裙，却发现做甜点还缺少黑莓。他冲进花园摘了几个，在厨房里捣成泥。事后，他发现围裙上溅满了蓝色的斑点。他想："没事，可以洗掉。"但是蓝点怎么也洗不掉。格鲁比打算询问尤斯图斯，他肯定知道该怎么办！

正好尤斯图斯人在国内，他马上查看了格鲁比的围裙，说："无论什么污渍，我奶奶都有办法去除，可惜，我却不是去渍专家。不过，我有个主意！你很在乎这条围裙吗？"

格鲁比摇摇头。尤斯图斯拿来一把大剪刀，把围裙剪成方块状。"正好可以用来染色。"尤斯图斯神神秘秘、喃喃自语地去拿了一本书，书里都是过去的染料配方。

靛蓝——染料之王

格鲁比还记得他拜访凯尔特人时，凯尔特人用蓝色颜料画画。这种颜料还可以用来染色。格鲁比甚至跟一个染工一起工作过。旅行结束时，他在笔记本里记下了所有经历。于是，他掏出笔记本，读到以下文字：

"我采集了菘蓝的叶子，染工叫我捣碎叶子，然后把捣碎的叶子放进圆木桶里发酵了两个星期。这时我用尿浇湿了叶子，再盖上木桶，叶汤还要再发酵整整两年。

染工叫我加工原来的叶汤，那味道简直臭气熏天。叶汤里必须再次添加尿液和钾盐，然后熬煮。熬煮后形成的黄色的液体叫染液。我们把衣物放在染缸里，倒入染液浸泡之后，把衣物悬挂晾干。晾晒期间，衣物的颜色发生了神奇的变化：它们变成了牛仔裤一般的蓝色。"

靛蓝是深蓝色，又称"染料之王"。古埃及人早已掌握了使用靛蓝的奥秘。靛蓝主要提取自两种植物：菘蓝和印度木蓝。

1878 年，德国化学家阿道夫·冯·拜尔人工合成了靛蓝。现在大多数牛仔裤都用靛蓝染色。染料不仅用于衣物染色、上漆等，也用于小熊糖等食品的上色。染料在化学领域的应用很广泛。

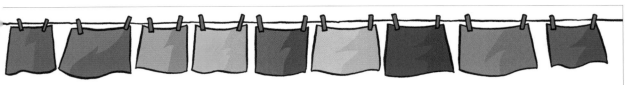

实验 用植物染料染色

实验用品： 合适的植物部位（如下图示）、1 个筛子、1 个旧平底锅、炉子、1 只臼和 1 个擦丝器、白布（比如 1 块旧床单）、1 个可密封的玻璃容器。

建议： 换上旧衣服或戴画画用的围裙。

实验步骤： 直接在筛子上按压莓类等水果，用玻璃容器接住果汁，或在 50—100 毫升水中炖煮树叶、树皮类约 10 分钟，待汁液冷却之后，过筛倒入可密闭玻璃容器中。

实验结果： 染料做好了，可以用来染布。

绿色
黑莓叶、欧芹

黄色
桦树叶、咖喱

棕色
泡软的绿色核桃壳

橙黄色
胡萝卜

紫色
紫甘蓝叶、黑莓、蓝莓

浅棕色
洋葱皮

深棕色、黑色
红茶、咖啡

蓝色
紫甘蓝、菘蓝

红色
甜菜头、辣椒、樱桃

肥皂：从药物到清洁之王

　　格鲁比想参加村里的雪橇大赛，但出发前，他必须检修旧的雪橇：先磨去雪橇上的锈斑，再在金属表面抹上肥皂，然后迅速清洗、抛光木头。一切准备就绪，出发！

　　格鲁比以领先的优势赢得了雪橇大赛，朋友们纷纷询问他速度快的秘诀。"秘诀就是用肥皂清洗雪橇，"格鲁比笑了，"肥皂含有很多油。"

　　埃里克愣住了："可我们为什么要用含油的肥皂清洗油腻腻的手呢？"

实验　为什么肥皂能够洗掉手上的油污

实验用品：油、水、肥皂。

实验步骤：往手上抹油。先试试只用水冲洗，再用肥皂洗手。

实验结果：光用水洗不能去油，但用肥皂就可以。

原理解释：如你所知，水油不相溶。但有些化学物质可以在不相溶的物质之间搭建桥梁。化学家称此类物质为表面活性剂，肥皂（包括洗涤剂、洗涤粉）就是其中之一。

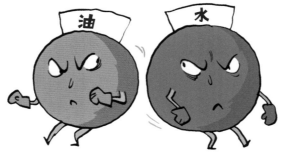

肥皂分子两端性质不同。一端亲水，另一端亲油亲脂。大量肥皂分子用亲油端包裹小油滴，亲水端朝外，与水结合。这样一来就可以用肥皂洗掉油渍。

实验 水中加入洗涤剂会导致物体下沉

实验用品： 3只碗、水、1根橡皮筋、1枚图钉、1枚回形针、1小块薄纸巾、洗涤剂。

实验步骤： 碗中加入一半水。分别在每只碗的水面上小心放入以下物品：第一只碗放入橡皮筋，第二只碗放入图钉（图钉钉帽朝下），第三只碗放入纸巾，纸巾上放回形针。纸巾沉入水中，橡皮筋、图钉、回形针浮在水面上。慢慢往碗中滴入稀释后的洗涤剂。

实验结果： 滴入洗涤剂后，所有物品都沉入水中。物品越重，下沉时需要加入的洗涤剂就越少。

原理解释： 水分子之间彼此吸引，因此与空气接触的水面有张力，类似一层皮肤，水的这种特性称作"表面张力"。所以水黾之类的昆虫可以在池塘水面上滑行。往水中加入洗涤剂等同于在水分子中插入了肥皂分子，破坏了水的"皮肤"。

肥皂作药

苏美尔人、古希腊人、古埃及人已经能够用植物灰烬和各种油类制出肥皂，用于医治伤口。很久之后，古罗马人才发现肥皂的清洁力也很强。

150 年前肥皂还是奢侈品

后来，阿拉伯人改变了配方，他们用碱煮油，得到的产物类似现在的肥皂。

中世纪时，肥皂很贵。由于人们坚信鼠疫和霍乱等疾病通过水传播，因此，他们很少洗澡，不太需要肥皂。哪怕是富人和贵族，通常也不用肥皂和水清洁身体，而用扑粉和香水掩盖身上的恶臭。

从 1865 年起，工厂可以生产出制作肥皂的原材料苏打（Na_2CO_3，碳酸钠），肥皂得以大批量生产，于是人人都买得起肥皂了。

肥皂在生产过程中通常会添加精油、香料、香水和色素。

香水与香味——走近香的世界

圣诞节前，格鲁比在橙子上插了丁香，挂到厨房之后香气四溢，但过了一段时间就几乎闻不到香味了。已经不香了吗？还是自己已经习惯了香味闻不出来了？格鲁比切洋葱时也是，刚开始洋葱气味很冲，连续闻两三天之后就闻不到什么气味了。很多气味都是如此。这是怎么回事？气味去哪儿了？气味主要是什么物质呢？

问题： 你知道哪些东西的气味会随时间流逝消失吗？

答案： 茶、香水、肥皂、调料……所以这类东西一般包装严密，要求密封储存。

实验 精油点火

实验用品： 1只新鲜的橘子（或者柠檬、橙子）、1支燃烧的蜡烛、1副护目镜。

实验步骤： 水果削皮。取一部分果皮，靠近烛焰挤压果皮。注意：果皮不要过于靠近烛焰或直接置于烛焰中，否则果皮会烧起来。

实验结果： 剧烈的火焰横穿烛焰。

原理解释： 在一张纸上挤压柠檬皮，会在纸上留下油渍，室温下会散发浓烈的香气。化学家称这种香料为精油。很多食物和调料的气味都源于精油。桉树油和薄荷脑等精油也可医用。

线香

蔷薇干花香薰

没药与乳香

芳香扑鼻

古埃及人和古印度人都会用芳香物质制作香水和线香。没药（没药树的芳香树脂）非常昂贵。现在，很多公寓、浴室等空间都会放香薰蜡烛、香薰灯、香薰石、线香等。

香薰小人

口香糖与止咳糖浆中添加的香精

不仅环境中需要香味，食物中也需要香味。而这些香味都不是简单拥有的，上百种化学物质相互作用才产生了食物的香味。口香糖和止咳糖浆中就添加了香精，这些香精和芳香物质也都由大量不同的物质组成。

皮革就该是皮革的气味

格鲁比的朋友汉斯假日里去市场低价购入了一件真皮夹克。他得意洋洋地向格鲁比炫耀。格鲁比摸了摸，又闻了闻，说："闻起来一点儿也不像皮革。"汉斯也不确定了，便去咨询专卖店。

专卖店店员安抚汉斯："以前用橡树皮和鱼油处理皮革，制成的衣物和包具闻起来'像皮'。现在人们不再用橡树皮和鱼油加工皮革了，因此现代皮革几乎没有任何气味。有些香精可以像香水一样喷在皮衣上，这样皮衣闻起来就像'真皮'。不过要当心，人造皮革可能闻起来也像'真皮'。"

疑犯追踪

　　格鲁比和朋友扬在珠宝店东张西望。突然，两人听到某处传来玻璃碎裂的声音，人群骚动不已。原来是有人打破了商品陈列柜，还在柜上留下了血迹，显然是小偷受伤了。店主丢了一件价值连城的首饰，怒气冲冲地叫来了警察。所有顾客都不得不留在店里。

　　警察很快来了，搜查了在场的所有人，竟然在格鲁比的口袋里搜出了遗失的首饰。格鲁比大吃一惊，反复申明自己的清白，扬也力证格鲁比是无辜的。

　　但他们白费口舌，仍然被带到警局问讯，交代自己的个人信息。之后，一位女警提取了格鲁比的指纹。为了 DNA 分析，又用棉签采集了格鲁比口腔内壁上的唾沫。5天后格鲁比必须再来警局报到。

　　5天后，格鲁比准时来到警局，立即被带到负责调查此次案件的警官面前，警官身前摊放着调查结果："格鲁比，你是清白的。指纹和 DNA 的分析结果排除了你的嫌疑。"

当代揭露罪犯面目的手段

警察和法医为查明犯罪情况引入了许多技术手段，最先进的手段之一就是 DNA 分析。DNA 是脱氧核糖核酸的英语缩写。

你或许继承了你爸爸头发的颜色，或许拥有一双和你妈妈一样的眼睛。这些特征像电脑程序一样，以某种密码或密码组合的形式储存在身体的所有细胞中。当你自己有了小孩之后，一部分密码就会传给后代。这种密码就是 DNA。每个人的 DNA 都像指纹一样独一无二。目前我们已经有办法破解这种生物密码，确定某段 DNA 的所有者是谁。

DNA 分析会检测身体细胞，只需要少量血液、唾液或皮肤细胞作样本，就能确定这些样本属于谁。几乎每个罪犯都会留下这样的痕迹，因此警察利用 DNA 分析，可以破获许多案件。

头发泄密

人类摄入的食物、药品等会变成头发里的原子、分子。与此同时，环境中的毒素也会沉积在头发中。我们可以用非常精确、灵敏的方式确定头发中具体的物质成分，甚至可以确定某人的住所——因为各地区的饮用水成分不同，而这也会反映在头发中。如果一个事件或案件已经过去了几周或几个月，主要的调查对象就是头发，因为头发中的成分可以保留较长的时间。

头皮

万物皆化学

尤斯图斯出完最后一趟差，下午早早地回来了。好友重聚，喜上心头，格鲁比迫不及待地向尤斯图斯展示自己的"实验日志"。尤斯图斯翻阅过后，发现日志几乎已经写满了，格鲁比的勤奋好学使他大受震撼。

他忽然就有了个想法！"那个，"他非常紧张地开口说道，"有人问我想不想去学校教化学课。教课当然没问题，但是……"格鲁比好奇地追问："但是？""但是我需要一个助手协助实验室工作，负责课堂上的实验，这个人……"教授用手捋了捋头发。

"这个人？"格鲁比有所预感，催促尤斯图斯说下去。

"这个人必须懂化学，自己做过实验，认真负责，求知欲强——嗯，就像你一样。"尤斯图斯深吸了一口气，郑重问道，"格鲁比，你愿意做我的助手吗？"

"我愿意！"格鲁比兴高采烈，尤斯图斯欣喜若狂，两人紧紧地握住了对方的手。

几周后……

格鲁比当上了尤斯图斯的助手。大家都很高兴，小孩子尤其高兴！

化学精英

马丁·科勒（Martin Kohler），州化学家

我是州级食品监管部门主任，与实验室和监察部门的同事一起监控食品是否按照法律规定的质量生产上市。无论是餐厅、食品工业还是饮用水供应，我们关注的都是幕后的生产过程。我们利用实验室里的化学和显微分析，找出肉眼无法察觉的问题：五颜六色的特价菜，是否含有有毒重金属铅和镉？彩色糖果中的人工色素是否经过批准？一旦发现问题，我们会采取补救措施，必要时撤回在市场上流通的有问题的产品。

卡塔琳娜·弗罗姆（Katharina Fromm），化学教授

我在瑞士的弗里堡双语大学教授化学。我喜欢和学生交流。有时我带 300 名学生的大班，但有时也带小班，只有 40 个甚至只有 8 个学生。我的学生来自瑞士各地，也有国际学生。我在大学除了教学，也承担了研究任务，致力于增进人类的知识。我特别欣赏的一点是，我的同事几乎每天都会制造出新物质，没有他们，这个世界上就不会有这些新物质。化学元素可以说是我们的字母表，我们利用化学元素制造新分子、合成新物质，就像在发明新词、造出新句。这跟发现新大陆一样振奋人心！教授也需要具备经理的职业素质。综上，大学教授绝对是梦寐以求的工作！

莫妮克·范格（Monique Fanger），化学实验室技术员

我是一名化学实验室技术员。以前我在合成实验室工作，主要负责实现化学反应，制造新物质。现在分析实验室工作，研究物质组成。简言之，我借助不同的工具检测混合物的组分。由于不同物质的测量方法不尽相同，我必须不断开发新的测量方法。现在我的工作内容变化多端，永远有新任务、新挑战。

托马斯·莱曼（Thomas Lehmann），制药业化学家

我主修化学，现在在制药业工作，主要研发新分子，以便它们之后作为药品中的有效成分治疗各种不同的疾病。我们生产杀死细菌的抗生素以及抗癌的有效药物成分。这些分子都是特制的，针对特定疾病在身体的特定部位起作用。研发新药并不简单，需要的时间也很久，研发工作持续 5—10 年，才能在药店买到研发的新药。由于研发新药非常复杂，需要很多人协作（除了化学家外，主要是医生、生物学家和药剂师）。

科尔内利娅·布雷默（Cornelia Brehmer），法医化学家

我是法医研究所的化学家，在这儿，我就像研究分子的夏洛克·福尔摩斯。我们与法官和警察一起工作。如果警察发现一辆汽车以"之"字形行驶，就会叫停这辆车。医生会抽取血样交给我们。我们在实验室检查血液中是否含有酒精、药物、毒品等外来物质。这些物质都可能导致司机无法正常驾驶。

在鉴定中，我必须记下检查结果，做出评估，说明是什么外来物质影响了当事人。法官根据我的报告做出判决。如果是谋杀案，我们会检查死者的血液和尿液，以确定死者体内是否含有达到致死浓度的外来物质（例如毒品）。

由于调查的事件大相径庭，我们的工作内容也五花八门：谋杀、盗窃、偷窃、贩毒、交通事故等。但我的工作本质始终不变：判断一个人是否因为摄入了某些物质而受到影响。

理查德·恩斯特（Richard R. Ernst），1991 年获诺贝尔化学奖

1991 年，我得到诺贝尔化学奖，是因为我研发了分子和物质不可或缺的核磁共振（NMR），也是因为我对医学上的磁共振成像（MRI）做出了贡献。我的方法非常高效，短时间内就可以得到详尽的测量结果。今天，核磁共振在化学研究和临床医学中都有着巨大的实用价值。1998 年退休后，我一直在全球巡回讲演，主要目的是鼓励年轻人进入化学领域。人们可以通过化学研究解决有关健康、环境、可持续能源开发等问题，往大了说，可以为社会的可持续发展做出贡献。从长远来看，如果化学研究缺乏责任意识、创新意识，人类将失去赖以生存的基础。

玛丽·居里（Marie Curie），1911 年获诺贝尔化学奖

玛丽·斯克洛多夫斯卡·居里夫人是物理学家、放射化学家，在法国工作。

她在波兰长大，当时那里属于俄国。由于那里禁止女性上大学，所以她搬到了巴黎。1891 年，她进入索邦大学学习，最终获得物理和数学学位。在此期间，她在一个律师家里当家庭教师。

1897 年 12 月，她开始研究放射性物质，此后这成了她科研活动的重点。1903 年，她获得了诺贝尔物理学奖，1911 年，她获得了诺贝尔化学奖。

她和丈夫皮埃尔·居里一起发现了化学元素钋和镭。

到目前为止，她是四位多次获得诺贝尔奖的人中唯一的女性。（截至 2010 年）除莱纳斯·鲍林外，她是唯一在两个不同领域获得诺贝尔奖的人。

托马斯·比舍利（Thomas Bicheli），环境化学家

    家庭、工业日常使用的化学制品数以万计，其中许多都有意无意地进入了环境中。我们环境化学家关注这些物质对水体、土壤、空气乃至生物体的影响。我们就像侦探，像大海捞针一样寻找极小的物质残渣。为了追踪这些化学制品，我们研发了很多方法和设备。追踪调研通常会持续好几天，但我们的付出是值得的：我们的调查结果为负责地、环保地处理化学制品做出了贡献。

与化学相关的其他职业

    现在，化学家在各种各样的领域工作，不止在化工业、制药业、高校工作，也在农业、生物技术、环境化学等领域肩负重任。

参考文献

安·纽马克（Ann Newmark）. 化学（Chemie）[M]. 埃娃·施魏卡特（Eva Schweikart），汉斯 - 于尔根·施魏卡特（Hans-Jürgen Schweikart），译. 希尔德斯海姆：格斯滕贝格尔出版社（Gerstenberg GmbH & Co. Buchverlag），2007.

赖纳·克特（Rainer Köthe）. 什么是什么：化学（Was ist Was. Chemie）[M]. 莱娜·克里斯滕森（Lena Kristensen），弗兰克·克吕格尔（Frank Krüger），绘图. 纽伦堡：特斯洛夫出版社（Tessloff Verlag），2010.

乌尔丽克·贝格尔（Ulrike Berger）. 化学工厂（Die Chemie-Werkstatt）[M]. 第 3 版. 费尔贝格出版社（Velber），2008.

克里斯廷·梅德费塞尔 - 赫尔曼（Kristin Mäderfessel-Herrmann），弗里德里克·哈马尔（Friederike Hammar），汉斯 - 于尔根·夸德贝克 - 塞盖（Hans-Jürgen Quadbeck-Seege）. 化学 24 小时（Chemie rund um die Uhr）[M]. 魏恩海姆：威利 - 化学出版社（Wiley-VCH），2004.

小测验

1. 化学家的前身是 ☐
- a. 前化学家
- b. 古代化学家
- c. 炼金术士

2. 化学关注 ☐
- a. 人类的喜好
- b. 有轨交通
- c. 物质的转化

3. 化学家通常的实验地点 ☐
- a. 实验室
- b. 图书馆
- c. 厨房

4. 化学元素是 ☐
- a. 物质的基本组成单位
- b. 自然之力
- c. 力量

5. ___ 已经知道"原子"概念 ☐
- a. 中国人
- b. 古希腊人
- c. 古埃及人

6. 化学中 Fe 表示 ☐
- a. 铁
- b. 飞
- c. 风

7. 水的组成成分是 ☐
- a. 氮和氦
- b. 碳和氯
- c. 氧和氢

8. ___ 有磁性 ☐
- a. 金
- b. 铁
- c. 铝

9. 青铜是 ☐
- a. 铜棕色绘画颜料
- b. 化学元素
- c. （铜锌）合金

10. 可口可乐含有 ☐
- a. 磷酸
- b. 可乐酸
- c. 甲酸

11. 铁快速生锈的原因是? ☐
- a. 油
- b. 氮
- c. 盐

12. 铅笔芯含有 ☐
- a. 铅
- b. 笔
- c. 石墨

13. 碘可以指示 ☐
- a. 淀粉
- b. 苏打
- c. 银

14. 小熊糖含有 ☐
- a. 甘草
- b. 明胶
- c. 橡胶

15. 酵母发酵的产物? ☐
- a. CO_2
- b. 醋酸
- c. 苏打（Na_2CO_3，碳酸钠）

16. 牛仔裤的蓝色称为 ☐
- a. 李维蓝
- b. 牛仔蓝
- c. 靛蓝

答案：1.c, 2.c, 3.a, 4.a, 5.b, 6.a, 7.c, 8.b, 9.c, 10.a, 11.c, 12.c, 13.a, 14.b, 15.a, 16.c